DESCRIPTION

D'UNE

MAGNANERIE SALUBRE,

AU MOYEN DE LAQUELLE

ON POURRA TOUJOURS PROCURER AUX VERS A SOIE LE DEGRÉ DE VENTILATION, DE CHALEUR ET D'HUMIDITÉ LE PLUS CONVENABLE POUR LA RÉUSSITE DE LEUR ÉDUCATION,

PAR M. D'ARCET,

Membre de l'Académie des Sciences et de la *Société* royale et centrale d'Agriculture;

SUIVIE

DE DIVERS DOCUMENS RELATIFS A L'AMÉLIORATION DE LA PRODUCTION DES SOIES.

TROISIÈME ÉDITION.

PRIX, 3 FRANCS.

Paris,

LIBRAIRIE DE MADAME HUZARD (NÉE VALLAT LA CHAPELLE),

Rue de l'Éperon, n° 7.

1838.

La Société d'Encouragement pour l'Industrie nationale, considérant l'utilité et l'importance des mémoires qui lui ont été présentés par M. *d'Arcet*, sur les perfectionnemens qu'il a introduits dans les magnaneries, a arrêté que ces mémoires, et d'autres qui traitent du même sujet, déjà insérés dans le *Bulletin*, seront publiés séparément, afin d'en répandre la connaissance parmi les personnes qui s'occupent de l'éducation des vers à soie.

DESCRIPTION

D'une Magnanerie salubre, au moyen de laquelle on pourra toujours procurer aux vers à soie le degré de ventilation, de chaleur et d'humidité le plus convenable pour la réussite de leur éducation (1),

PAR M. D'ARCET,

Membre de l'Académie des Sciences et de la Société royale et centrale d'Agriculture.

Ayant été envoyé dans le midi de la France pour y étudier le conditionnement des soies non ouvrées, et ayant eu, à deux reprises, l'occasion d'y suivre, dans tous ses détails, l'éducation des vers à soie, je me suis promptement aperçu que la majeure partie des maladies qui détruisent tant de vers, et des pertes éprouvées dans cette industrie, devait être attribuée moins à leur constitution qu'à l'insalubrité des ateliers, et aux grandes variations atmosphériques qui fatiguent les vers à soie pendant tout le cours de leur vie.

M. *Camille Beauvais*, qui a planté un grand nombre de mûriers dans le domaine royal des Bergeries, près Paris (2), et qui, depuis plusieurs années, y exploite avec succès une magnanerie dont les progrès sont remarquables, partageant l'opinion que je m'étais formée relativement à l'éducation des vers à soie, telle qu'elle est pratiquée dans le midi de la France, m'engagea à préciser mes idées à ce sujet et à faire le plan d'une magnanerie salubre. Je fis ce travail et je le communiquai à M. *Destailleurs*, architecte du gouvernement, qui avait à construire une grande magnanerie pour M. *de Grimaudet*, à Villemonble, près Paris. M. *Destailleurs* entra parfaitement dans mes vues; la question fut bien étudiée avec lui : il rédigea les plans de la magnanerie de Villemonble, en partant des bases que nous avions arrêtées ensemble, et me remit une copie de ces plans, en m'invitant à en donner la description. Ce qui suit comprendra non seulement la légende des planches, mais encore les détails nécessaires pour que l'on puisse obtenir de l'emploi de cette magnanerie salubre tous les avantages que l'on doit en attendre. Je désire vivement que ce travail puisse être utile aux nombreux agriculteurs et manufacturiers

(1) Les ateliers où l'on élève les vers à soie ne portent pas le même nom dans tous les pays; ils sont le plus souvent appelés *magnaneries*; mais on les nomme aussi *coconières*, *magnanderies* et *vereries* dans la Touraine. On appelle magnanier ou magnanière l'ouvrier ou l'ouvrière chargés de l'éducation des vers à soie. Ces mots dérivent du mot *magnan*, donné au ver à soie dans le dialecte languedocien.

(2) Voyez le rapport adressé à M. *Bonafous* par M. *Beauvais*, inséré dans les *Annales de l'agriculture française*, année 1833.

qui s'occupent de la production de la soie, et qui sont encore, selon moi, bien loin d'avoir atteint le but qu'ils doivent se proposer.

Planche 1, *Plan du rez-de-chaussée et du premier étage de la magnanerie de Villemonble.* Cette magnanerie étant composée de deux ateliers disposés symétriquement à chaque étage, je ne parlerai que de la moitié des plans qui est à droite, et tout ce que j'en dirai devra s'appliquer à la partie gauche de ces plans, qui n'est qu'une répétition de la première.

Fig. 1. Plan du rez-de-chaussée.

La pièce M est en partie divisée dans sa longueur par des piliers 1, 1, 1, qui servent à supporter le plancher du premier étage; vers l'extrémité de cet atelier se trouve une cloison 2, qui, le traversant dans toute sa largeur, en isole l'espace 3, qui sert de chambre à air chaud ou à air froid, et d'où part la ventilation de la magnanerie : cette chambre est garnie d'un calorifère 4, dont le tuyau 5 se rend dans la cheminée générale 6.

C'est dans cette partie du rez-de-chaussée que se feront l'échauffement ou le refroidissement de l'air et le réglement de la ventilation : le restant de l'atelier servira à sécher les feuilles qui seraient récoltées étant humides, et à filer les cocons par le procédé de *Gensoul*, après la fin de l'éducation. La description des coupes verticales, où les mêmes lettres indiquent les mêmes objets, fera bien comprendre, par la suite, les dispositions de ce plan.

Fig. 2. Plan du premier étage : c'est dans cet atelier que se placent les vers à soie pendant toute leur éducation. On voit en 7 les points de départ des quatre conduits en bois par lesquels l'air, chauffé ou refroidi convenablement, passe de la chambre à air 3, *fig.* 1, dans la magnanerie. Les places indiquées par 8 représentent les claies sur lesquelles on élève les vers à soie. On voit en 9 la cloison qui sépare la grande pièce en deux ateliers tout semblables.

Nous n'entrerons pas ici dans de plus grands détails, parce qu'il sera plus facile, comme je l'ai déjà fait observer, de bien comprendre ce plan quand on aura étudié la description des coupes verticales du bâtiment.

Planche 2, *fig.* 1. Vue de la face de la cloison 2, formant la chambre à air 3, au rez-de-chaussée de la magnanerie : c'est une coupe verticale de la partie inférieure du bâtiment, suivant la ligne GH du plan, *fig.* 1, *Pl.* 1.

10, Portes du foyer et du cendrier du calorifère.

11, Porte par laquelle on peut entrer dans la chambre à air 3, pour nettoyer, chaque année, les tuyaux du calorifère. Cette porte sert aussi à poser sur le calorifère une caisse en cuivre ou en zinc, remplie, selon le besoin, d'eau ou de glace.

12, Ouvertures garnies de portes à coulisse en bois, par lesquelles on laisse entrer dans la capacité 3 la quantité d'air nécessaire pour ventiler convenablement la magnanerie.

13, Portes par lesquelles on introduit, dans la chambre à air 3, des caisses remplies d'eau, dans le but d'obvier convenablement à la trop grande sécheresse du courant ventilateur; ou bien garnies de glace, pour refroidir cet air au degré convenable lorsque la température extérieure se trouve trop élevée.

14, Gaînes en bois fixées horizontalement sous le plancher du premier étage : ces tuyaux prennent l'air, amené au degré convenable de température et d'humidité, dans la chambre à air 3, et le conduisent dans la magnanerie.

15, Coupes des ouvertures par lesquelles le courant d'air ventilateur passe, des gaînes en bois 14, dans l'atelier O, où s'élèvent les vers à soie.

16, Plancher qui sépare le rez-de-chaussée du premier étage O, où se placent les vers à soie pendant leur éducation.

Fig. 2, Coupe verticale de la chambre à air 3, selon la ligne EF de la *fig.* 1, *Pl.* 1. Cette coupe, où la cloison 2 ne paraît pas, indique les dispositions intérieures de la chambre à air 3.

4, Massif du calorifère.

5, Tuyau du calorifère ; il est doublement coudé à droite et à gauche pour échauffer facilement le courant ventilateur qui traverse la chambre à air 3. Ce tuyau s'élève, en sortant de cette chambre, à quelques mètres de hauteur dans la cheminée générale, où il va établir l'appel qui occasionne la ventilation forcée de tout le système.

Le tuyau 5 doit être garni d'une clef à sa partie supérieure, près du plancher 16 : cette clef, servant à régulariser le service du calorifère, doit pouvoir se manœuvrer du devant de la cloison 2, où se tient le chauffeur.

17, Tables sur lesquelles se posent, à droite et à gauche du calorifère, les caisses en cuivre ou en zinc, remplies, selon le besoin, d'eau chaude ou de glace : ces tables occupent la moitié de la largeur de la chambre 3.

18, Caisses en cuivre ou en zinc, que l'on remplit d'eau chaude ou de glace, selon que l'on a besoin de charger d'humidité le courant ventilateur, ou de diminuer la température de cet air.

Je rappellerai ici, pour mieux faire comprendre cette coupe, qu'il existe dans la cloison 2, qui ferme le devant de cette chambre à air 3, une porte 13 devant chaque caisse en cuivre, pour en faire le service, et entre les pieds des tables, des espèces de *chatières* 12, laissant entrer la quantité convenable d'air dans la chambre 3.

Fig. 3, Coupe longitudinale de la magnanerie, suivant la ligne K L de la *fig.* 1, *Pl.* 1. Ici tout le système de ventilation se trouve bien développé :

aussi vais-je tâcher que la description de cette figure en fasse bien comprendre toutes les dispositions.

2, Cloison séparant entièrement la capacité 3 de l'atelier M, dans toute la largeur du bâtiment.

4, Massif du calorifère.

5, Tuyau du calorifère.

8, Claies ou filets sur lesquels on place les vers à soie.

12, Ouverture ou chatière par laquelle l'air extérieur entre dans la chambre 3, en passant sous chaque table et entre leurs montans 17 : la cloison 2 est garnie de six ou huit de ces chatières.

13, Porte pour le service de la caisse en cuivre 18; cette caisse peut être faite de manière à entourer le tuyau 5 de trois côtés, ou à en garnir seulement la partie antérieure. Il y a quatre autres portes plus petites à droite et à gauche de celle-ci, pour le service des huit petites caisses placées sur les tables 17.

14, Orifice d'une des gaines en bois 14, prenant l'air dans la chambre 3, et le conduisant au système général de ventilation de la magnanerie.

Il existe quatre de ces gaines ou conduits; on les voit ponctués et en plan aux *fig.* 1 et 2, *Pl.* 1, et ces figures indiquent bien la disposition des trous inégaux 15, par lesquels le courant ventilateur doit passer de ces conduits au dessous des claies 8 et dans l'intérieur de la magnanerie.

15, Coupes des trous inégaux par lesquels l'air entre dans la magnanerie en sortant des conduits horizontaux 14 : la somme des ouvertures de ces trous inégaux doit être, pour chaque conduit 14, à la section transversale de ce conduit, dans le rapport de 6 à 5. Dans la magnanerie dont je donne la description, chacun des quatre conduits 14 a une section de $0^{m.\ car.}$,165 : la somme des trous inégaux 15 de chaque conduit 14 doit donc équivaloir à $0^{m.\ car.}$,198. On voit ici en coupe, et en plan, *fig.* 2, *Pl.* 1, comment les trous inégaux 15 croissent en diamètre à mesure qu'ils s'éloignent de la prise d'air dans la chambre 3 (1).

(1) On n'a pas pu indiquer dans le dessin, à cause de la petitesse de l'échelle, ni le nombre ni les dimensions des trous inégaux qui doivent être percés en dessus des conduits 14 et en dessous des conduits 20. Dans la magnanerie de Villemonble, chaque conduit aura 60 trous inégaux. Le premier, du côté de l'entrée de l'air, n'aura que 25 millimètres de diamètre; les diamètres des 59 autres trous croîtront en progression arithmétique et de manière à ce que la somme de ces 60 trous équivale à $0^{mèt.\ car.}$, 198. On pourra établir la dimension de chacun de ces trous, soit par le calcul, soit par le tâtonnement : un menuisier, pour peu qu'il soit intelligent, saura bien exécuter ce travail. (Voyez, à ce sujet, la note imprimée à la suite de ce mémoire.)

16, Coupe du plancher de la magnanerie.

17, Pied d'une des tables renfermées dans la chambre à air 3, et servant à supporter les caisses en cuivre ou en zinc, où l'on met, suivant le besoin, de l'eau ou de la glace.

18, Caisses en cuivre ou en zinc.

19, Coupes des trous inégaux des conduits supérieurs : ici tout est pareil à ce qui a été décrit plus haut en parlant des conduits 14 et de leurs trous inégaux 15; seulement les trous inégaux y servent en sens inverse : ils prennent l'air vicié dans le haut de la magnanerie, le conduisent dans les tuyaux en bois 20, et de là dans la cheminée générale 21 par l'ouverture 23, ou dans le tarare 22, qui le refoule dans l'atmosphère.

20, Coupe longitudinale d'un des quatre conduits en bois destinés à diriger l'air pris au haut de la magnanerie, vers le tarare 22 et la grande cheminée 21. Ces quatre conduits en bois sont absolument construits comme les quatre qui, placés sous le plancher de l'atelier, amènent, par bas, le courant ventilateur qui part de la chambre à air 3 (1). On voit en plan, aux *fig.* 1 et 2 de la *Pl.* 1, dans quelle direction ces conduits sont posés, soit sous le sol, soit au plafond de la magnanerie.

Les quatre conduits 20 viennent se réunir près du tarare 22 en un seul coffre, où ce tarare peut prendre l'air, et qui, d'un autre côté, communique directement en 23 avec la grande cheminée 21 : une tirette placée entre le tarare et la cheminée sert à envoyer à volonté l'air de la magnanerie soit au tarare, soit directement dans la grande cheminée. Lorsque cette tirette est fermée et que l'on fait tourner le tarare, l'air de la magnanerie est alors poussé au dehors, à travers les jours du grenier.

21, Grande cheminée de ventilation ; cette cheminée, qui est ici construite avec luxe et dans le but d'orner le bâtiment, aurait pu être construite en pigeonnage et comme le sont les cheminées ordinaires de nos maisons ; sa section horizontale aurait dû n'avoir qu'une surface double de celle que présente la somme des sections verticales des quatre conduits 20.

22, Tarare ou ventilateur mécanique : on ne doit s'en servir que dans le cas où il ne faudrait pas échauffer le courant d'air dans la chambre 3 et où

---

(1) Ces gaînes ou conduits en bois peuvent être construits économiquement : dans ce cas, il faudrait seulement avoir soin d'en couvrir les défauts de jonction et les fissures avec de la toile ou du papier gris trempé dans une dissolution de colle-forte. Quand on fera construire une nouvelle magnanerie, les gaînes de ventilation devront être établies dans l'épaisseur du plancher et du plafond, ce qui sera plus solide, plus propre et plus économique.

l'on ne voudrait pas se servir du fourneau d'appel spécial, construit en 25, au pied de la cheminée générale, ou bien encore dans les circonstances où il est nécessaire de forcer la ventilation le plus possible dans la magnanerie. On peut faire fonctionner ce tarare soit d'en haut directement, soit d'en bas, au moyen d'une corde sans fin et de deux poulies (1).

23, Communication directe du coffre où viennent se réunir les quatre conduits 20 avec la grande cheminée : la section verticale de ce passage doit avoir, ainsi que la section du coffre en bois qui y aboutit, cinq fois la surface de la section transversale d'un des conduits 20.

25, Fourneau d'appel spécial construit en dedans et au pied de la grande cheminée; son tuyau vient se joindre à celui du calorifère, comme on le voit en 5. Ce fourneau d'appel et le tarare sont établis dans le même but, qui est de toujours pouvoir opérer la ventilation de la magnanerie lorsque l'air extérieur se trouve à la température voulue, et dans le cas où, cet air se trouvant plus chaud qu'il ne faudrait, il deviendrait nécessaire de le refroidir convenablement, au moyen de la glace, avant de l'introduire dans la pièce où sont les vers à soie.

26, Planchers qui divisent la magnanerie, dans sa hauteur, en trois étages : ces planchers servent à tourner tout autour des huit piles de claies, pour en pouvoir faire commodément le service.

27, Petits escaliers servant à monter aux différens étages sur les planchers 26, 26.

Pl. 3, *fig.* 1, Coupe transversale de tout le bâtiment, selon la ligne I J des *fig.* 1 et 2 de la *Pl.* 1.

8, Claies ou filets sur lesquels se placent les vers à soie.

14, Coupes transversales des quatre conduits qui prennent le courant ventilateur dans le chambre à air, pour l'introduire dans la magnanerie.

15, Coupe d'une des rangées des trous inégaux par lesquels le courant ventilateur passe des conduits 14 dans la pièce O, où sont les claies.

19, Coupe de l'une des rangées des trous inégaux percés dans le plafond de la magnanerie et disposés comme le sont les ouvertures 15 qui sont percées dans le plancher de cet atelier.

---

(1) Lors de la première publication de ce mémoire, la science n'avait pas donné de principes pour la bonne construction du tarare : M. *Combes*, ingénieur en chef des mines, vient de remplir cette lacune; le mémoire qu'il a publié à ce sujet a été lu à la Société d'Encouragement qui en a ordonné l'impression. On trouvera ce mémoire parmi les autres documens, à la fin de la brochure.

20, Coupes transversales des quatre conduits en bois qui prennent l'air vicié, au haut de la magnanerie, par les ouvertures inégales 19, et le conduisent à la grande cheminée par le passage 23, *fig*. 5, *Pl*. 2, ou, directement, dans l'atmosphère, au moyen du tarare 22.

26, Coupes des planchers qui règnent tout autour des rangs de claies, pour y faire commodément le service.

28, Vue de face de la caisse en bois où viennent se réunir les quatre conduits 20.

29, Tarare communiquant, vers l'axe, avec la caisse 28, et, à la circonférence, avec l'intérieur du grenier.

Fig. 2, Vue de face du bâtiment dans tout son développement, renfermant deux magnaneries absolument pareilles; le côté droit a été représenté ouvert et coupé, suivant la ligne KL de la *fig*. 1, *Pl*. 1 : cette même coupe a été décrite à la *fig*. 3, *Pl*. 2, où elle a été représentée sur une plus grande échelle, pour en mieux faire comprendre tous les détails.

Fig. 3, Élévation de l'un des petits côtés du bâtiment.

Après avoir donné la description des plans et des coupes de la magnanerie salubre de Villemonble, il nous reste, pour mieux faire comprendre les avantages des dispositions qui ont été prises lors de la construction de cet établissement, à développer la marche des opérations qui doivent y être suivies.

On a dû compter que, sous l'influence du climat du département de la Seine, il arriverait souvent, surtout pour le service d'une grande magnanerie, qu'on serait obligé de récolter les feuilles de mûriers étant humides ou même mouillées. On a donc dû se ménager les moyens de faire sécher ces feuilles au degré convenable, toutes les fois qu'il le faudra et sans retarder les travaux de l'éducation des vers à soie. Cette opération se fera au rez-de-chaussée de la magnanerie, dans la pièce M, *fig*. 1, *Pl*. 1; les feuilles humides seront placées dans un long coffre en bois, sur des cadres garnis de filets et posés horizontalement à 2 décimètres au dessus du fond du coffre : les feuilles étant étendues à une épaisseur égale sur ces cadres, et le couvercle du coffre étant fermé, on établira, d'un bout du coffre à l'autre et au moyen d'un grand tarare, un fort courant d'air dont on pourra, au besoin, élever la température de quelques degrés; cet air parcourra le coffre dans toute sa longueur, passera en dessous, en dessus des filets et entre toutes les feuilles, ramenera ces feuilles au degré de sécheresse convenable, et sera ensuite rejeté au dehors du bâtiment par une simple gaîne en bois (1).

(1) Si l'on ne craignait pas la dépense, et que l'on voulût employer un appareil plus

Quant à l'incubation des œufs de vers à soie, je pense qu'il n'y a rien à ajouter aux instructions données à ce sujet par MM. *Dandolo*, *Bonafous* et *Camille Beauvais*. Je ne m'occuperai pas non plus de tout ce qui a rapport au mode de nourriture des vers et aux soins qu'ils faut avoir pendant toute la durée de leur existence : les auteurs que je viens de citer ont fait connaître les moyens les plus propres à assurer le succès des éducations, d'après leur expérience et les meilleures théories. Mon but n'étant que d'indiquer comment on peut assainir une grande magnanerie, je passerai immédiatement à ce qu'il faudra pratiquer dans celle de Villemonble, pour tirer, sous ce rapport, le plus d'avantage possible des dispositions qui y ont été prises, pour faire vivre les vers à soie dans un air pur et toujours maintenu au degré de chaleur et d'humidité admis comme étant le plus favorable à la santé et au parfait développement de ces vers.

La magnanerie de Villemonble est disposée de manière à pouvoir se servir d'un quart seulement de la grande salle, au commencement de l'éducation ; il suffira pour cela de séparer, avec une forte toile couverte de papier gris des deux côtés, la magnanerie en deux parties égales, et de boucher en haut et en bas les trous inégaux qui se trouveront à gauche du rideau de toile (1). Cette toile, placée dans toute la hauteur et la largeur de la pièce, selon la ligne RS de la *fig.* 2, *Pl.* 1, formera à droite un atelier complet sous le rapport de l'assainissement (2). Quand les vers à soie exigeront plus de place, en enlevant la toile formant mur de séparation, et en débouchant, en bas et en haut, tous les trous inégaux de la partie gauche de l'atelier, on doublera le cube de la magnanerie, sans nuire à l'assainissement du local, et sans avoir d'autres dispositions à faire pour en assurer la parfaite ventilation.

En reportant la grande toile à la place indiquée par la ligne TU de la *fig.* 2, *Pl.* 1, et, en se servant de l'atelier formé à gauche de cette toile,

---

parfait pour opérer le séchage des feuilles humides, on pourrait placer dans le coffre en bois une toile sans fin, mise en mouvement au moyen d'un mécanisme convenable : dans ce cas, les feuilles devraient toujours être placées sur la toile du côté de la sortie de l'air, et on les retirerait sèches du côté du coffre qui sert d'entrée au courant ventilateur.

(1) Au lieu d'une simple toile formant cloison, on pourra se servir, pour séparer l'atelier en deux salles égales, de châssis légers, couverts de toile et de papier gris, comme le sont les panneaux des décorations employées dans les théâtres.

(2) Cette partie de l'atelier, ainsi réduite, offre la condition la plus favorable, non seulement pour l'éducation des vers à soie aux premiers âges, mais aussi pour l'éclosion de la graine : elle devient alors une étuve, ou chambre chaude, dont la chaleur est plus facile à graduer que par les moyens d'incubation dont on se sert ordinairement. (*Bonafous.*)

on triplerait l'espace employé pendant les premiers jours de l'éducation des vers à soie ; on quadruplerait enfin le cube du premier atelier en enlevant le rideau de toile, et en formant ainsi une seule salle des deux moitiés du côté gauche du bâtiment.

Les dispositions dont je viens de parler seront très favorables au succès de l'entreprise, car elles procureront une économie notable sur la main-d'œuvre et sur la dépense en glace ou en combustible, et donneront, en outre, le moyen d'augmenter l'espace occupé par les vers à soie, dans le rapport de l'accroissement qu'ils prendront, à partir de leur premier âge jusqu'à l'époque de leur montée : tel est l'avantage qui résulte de la séparation du grand bâtiment en deux magnaneries égales et, sous tous les rapports, parfaitement semblables.

Je supposerai maintenant, pour plus de clarté, une des deux magnaneries entièrement occupée ; je vais dire comment le travail de la ventilation doit s'y faire, et ce qui suit sera applicable en tout point à la seconde magnanerie formant le côté gauche du bâtiment, lorsque cette salle servira à l'éducation des vers à soie.

J'admets qu'on est bien d'accord sur le degré de chaleur (1), d'humidité et de ventilation qu'il faut entretenir constamment dans la magnanerie : cela posé, voici comment j'opérerais.

Ayant attaché des thermomètres contre les carreaux de deux des portes vitrées de la chambre à air 3, et ayant placé symétriquement, à 1^{m},6 au dessus du plancher de la magnanerie, plusieurs thermomètres et plusieurs hygromètres comparables, je ferais du feu dans le calorifère 4, si l'air extérieur était trop froid ; je mettrais de la glace dans les caisses 18, si cet air était trop chaud, et je mettrais enfin de l'eau dans ces caisses ou dans quelques unes d'elles, si l'air employé à la ventilation était trop sec : on conçoit que j'arriverais ainsi facilement, en pratique, à donner au courant ventilateur le degré de chaleur et d'humidité le plus convenable pour entretenir les vers à soie en bon état de santé, et pour les faire parvenir au plus grand développement possible (2).

---

(1) Les propriétaires de magnaneries ne sauraient trop adopter l'usage du thermomètre *à index*, pour s'assurer constamment si la température prescrite a été observée en leur absence. Cet instrument se trouve décrit et figuré dans le *Bulletin* de la Société d'Encouragement, année 1824, p. 235, et dans mon *Traité d'éducation des vers à soie.* (*Bonafous.*)

(2) Une température trop basse ou trop élevée peut, en effet, contrarier la croissance des vers à soie ; mais c'est la chaleur principalement qui leur est nuisible : 1° en excitant chez ces insectes un appétit qui n'est pas en rapport avec leurs forces digestives ; 2° en favorisant

Quant au degré de ventilation à donner à la magnanerie, le fait de l'existence de vers à soie à l'état naturel, sur les arbres et en plein air, à la Chine, prouve qu'ici on pourrait ne pas craindre d'outre-passer les limites nécessaires à l'assainissement de la salle; mais il vaudra mieux ne faire que les atteindre, et il ne faudra que s'aider de l'odorat pour arriver à ce but. Il suffira, en effet, de ne ventiler la magnanerie que ce qu'il faudra pour que l'air ne s'y infecte pas vers le haut de la pièce; ce qu'on pourra reconnaître facilement et à chaque instant, en se plaçant sur le plancher le plus élevé, vers les derniers rangs de claies (1).

Les dispositions adoptées lors de la construction de la magnanerie de Villemonble donnent de grandes facilités pour y toujours pouvoir établir une forte ventilation (2).

On sait que dans une pièce disposée de manière à ce que l'air, entrant par le bas, puisse sortir par des ouvertures égales percées vers le haut, il suffit, en plus, d'une différence d'un degré centigrade entre la température de l'air de la pièce et celle de l'air extérieur, pour donner au courant ventilateur la vitesse nécessaire à l'assainissement de la salle, dans le cas où l'air trouve des ouvertures suffisantes pour y pénétrer et pour en sortir. On voit donc que, dans le climat du département de la Seine, on n'aura point de difficulté pour établir dans la magnanerie la ventilation convenable; qu'on aura très rarement à y faire usage de glace pour refroidir l'air extérieur, et que, par conséquent, on n'y aura presque jamais à faire

---

la fermentation de leur litière. Certains magnaniers, accoutumés à se guider d'après une routine aveugle, s'imaginent mal à propos qu'une litière épaisse est nécessaire pour entretenir la chaleur des vers à soie, et cette erreur me paraît une des plus contraires à la réussite des éducations. Non seulement il faut fréquemment déliter les vers; mais, dans cette opération, au lieu de jeter et de déposer à terre la litière des claies, comme on le fait ordinairement, on doit l'enlever avec soin et la transporter loin des habitations. J'ai vu dans mes ateliers la mortalité s'arrêter comme par enchantement, par le simple enlèvement de la litière. (*Bonafous.*)

(1) Les personnes qui vivent dans l'atelier finissent par devenir insensibles à l'odeur qui s'y développe; elles ne doivent donc point s'en rapporter toujours à elles-mêmes. (*Bonafous.*)

(2) On doit, pour bien comprendre ce qui suit, se souvenir que le système de ventilation dont je parle n'est parfait que lorsque toutes les fenêtres et les portes de la magnanerie salubre sont exactement fermées. Le contre-maître ne devra donc jamais ouvrir les fenêtres de l'atelier : quant aux portes, en y plaçant des contre-poids, on sera assuré qu'elles ne resteront jamais ouvertes inutilement.

usage du tarare ou du fourneau d'appel, pour donner à la ventilation la direction ascensionnelle qu'il faut lui imprimer (1).

A Villemonble, il faudra presque toujours échauffer l'air extérieur avant de l'introduire dans la magnanerie; ce but sera facilement atteint, au moyen du calorifère 4. Dans ce cas, la ventilation s'établira d'elle-même, et l'on n'aura qu'à la régler.

Lorsque l'air extérieur sera assez chaud, on l'obligera à traverser la magnanerie en forçant la ventilation, soit au moyen du tarare 22, soit en faisant usage du fourneau d'appel spécial construit en 25, au bas de la grande cheminée; et lorsque cet air sera trop chaud, on le refroidira au degré convenable, au moyen de la glace, dans la chambre à air 3, et l'on établira alors la ventilation soit mécaniquement, au moyen du tarare 22, soit par le feu, en se servant pour cela du fourneau d'appel 25. On voit que, sous ce rapport, le système de construction adopté ne laisse rien à désirer : voyons maintenant comment on pourra n'établir dans la magnanerie que le degré de ventilation convenable (2).

Ici, trois moyens permettent de bien régler la puissance de la ventilation : le premier et le plus simple consiste à ne donner aux chatières 12 que l'ouverture jugée nécessaire pour introduire dans la chambre 3 le volume d'air convenable.

Le second moyen se trouve dans l'emploi raisonné de la tirette placée entre le tarare et la grande cheminée, et qui peut, à volonté, clore en tout ou en partie le passage 23, par lequel l'air vicié sortant de la magnanerie peut entrer dans la grande cheminée 21 (3). Le mouvement plus ou moins rapide du tarare 22 donne enfin un troisième moyen de régler convenablement la ventilation quand elle devra être établie mécaniquement et sans le secours du feu.

---

(1) Dans les localités où il est difficile ou trop dispendieux de se procurer la glace nécessaire, on peut, entre autres moyens d'y suppléer, étendre dans l'intérieur des ateliers de grandes toiles mouillées, que l'on trempe dans l'eau aussi souvent qu'on le juge convenable. Les vapeurs froides qui s'en dégagent produisent un abaissement de température dont je me suis fort bien trouvé dans maintes circonstances. (*Bonafous.*)

(2) Je pense qu'en dirigeant bien les travaux d'une magnanerie salubre l'assainissement y sera tel, qu'on n'aura plus besoin d'y avoir recours à l'emploi des fumigations de chlore gazeux : si cependant on voulait continuer à faire usage de ce moyen de désinfection, ce serait dans la chambre à air 3 qu'il faudrait placer les vases contenant le mélange fumigatoire.

(3) C'est par l'un de ces deux premiers moyens qu'il faudra régler la ventilation, toutes les fois que la température de la magnanerie sera plus élevée que celle de l'air extérieur.

Les détails dans lesquels je viens d'entrer doivent suffire pour bien faire comprendre tout ce qu'il y aura à faire dans la magnanerie de Villemonble pour y élever les vers à soie comme ils pourraient l'être en plein air et sous l'influence d'une constitution atmosphérique la plus favorable possible. Le contre-maître, en observant les deux thermomètres visibles du devant de la cloison 2 et ceux qui doivent être placés symétriquement dans la magnanerie, arrivera facilement à faire un emploi judicieux du feu ou de la glace, pour toujours donner au courant d'air la température convenable. La marche des hygromètres lui indiquera s'il doit ou non ajouter de l'eau vaporisée au courant ventilateur, et l'odeur de l'air au haut de la salle lui donnera toujours le moyen d'amener la ventilation à n'être que suffisante pour opérer l'assainissement de la magnanerie. Lorsqu'on aura donné une bonne consigne au contre-maître, ce sera à lui à la bien exécuter; il aura tous les moyens de le faire. Le propriétaire pourra donc le rendre responsable des fautes commises et s'assurer ainsi du succès de son entreprise.

Il est évident que le contre-maître chargé de diriger les travaux d'une magnanerie salubre aura, en commençant, plus de peine qu'on en a en conduisant l'éducation des vers à soie comme on le fait maintenant dans le midi de la France; mais, quand son apprentissage sera fait, le peu de peine qu'il aura à prendre pour bien régler son travail sera, et au delà, compensé par la diminution de l'inquiétude continuelle qu'il éprouve maintenant pendant tout le temps de l'éducation des vers à soie, par la satisfaction de n'avoir point à craindre les reproches du maître, et par la certitude de toujours arriver à d'heureux résultats dans le travail qui lui est confié.

Il ne s'agit pas d'avoir à trouver un homme habile pour diriger les travaux d'une magnanerie salubre; ici il ne faut qu'un ouvrier soigneux et exécutant bien la consigne qui lui est donnée. Or, l'emploi des machines à vapeur et de tant de mécaniques plus compliquées a prouvé que, partout où on le voulait, on trouvait des chauffeurs intelligens et de bons contre-maîtres; à plus forte raison trouvera-t-on partout à bien faire diriger une magnanerie salubre; car il n'y a point de village où il n'existe une ouvrière soigneuse et intelligente, ou un militaire retraité, esclave de la consigne, et où on ne puisse trouver dans cette classe de la société un contre-maître qui veuille consacrer quelques mois par an à diriger les opérations d'une industrie honorable, intéressante dans tous ses détails et flatteuse autant qu'importante par les résultats qu'elle procure.

J'aurais voulu avoir à établir les moyens d'assainissement d'une magnanerie dans des bâtimens construits à bon marché, comme doivent l'être les ateliers d'une fabrique; car je sens que l'embellissement extérieur de la magnanerie de Villemonble pourra soulever quelques critiques et nuire à la propagation du système d'assainissement qui y est établi, quoique ce système soit tout à fait indépendant de la décoration du bâtiment; mais cette espèce de luxe, qui d'ailleurs ne s'applique ici qu'aux deux cheminées de ventilation, est motivée, par la construction de cette magnanerie, dans un beau parc et à proximité du château, dont il ne fallait pas, pour ainsi dire, dépareiller l'architecture élégante. M. *de Grimaudet* a le mérite d'avoir donné près de Paris l'exemple utile de ce qu'on peut faire de mieux en fait de construction d'une magnanerie; il a voulu arriver à ce but tout en ornant sa propriété : ce sera au lecteur, s'il est simple manufacturier, à faire la part de cette circonstance, à supposer tout le système d'assainissement établi dans un atelier construit plus économiquement, et à bien distinguer ici le système d'assainissement du local où il est appliqué. Il verra ainsi que toutes les grandes magnaneries qui, dans l'état actuel des choses, sont celles où l'éducation des vers à soie présente le plus de difficultés, peuvent être immédiatement améliorées et l'être avec peu de dépense, en suivant exactement les plans dont je viens de donner la description.

Note sur la détermination des dimensions à donner aux différentes parties de l'appareil ventilateur.

Parmi le grand nombre des questions qui m'ont été adressées relativement à la construction et à l'emploi des magnaneries salubres, ce sont celles concernant les dimensions à donner aux diverses parties de l'appareil ventilateur qui ont été les plus nombreuses et les plus pressantes. Je n'avais pas insisté sur cette partie de la question dans mon premier mémoire, parce que je manquais de données pour le bien faire. Je suis encore, il est vrai, presque dans la même position sous ce rapport; néanmoins, pour être utile et en attendant mieux, je vais dire comment j'ai fait pour déterminer jusqu'ici les dimensions des appareils ventilateurs au sujet desquels j'ai été consulté par des magnaniers.

Le cube de la magnanerie étant déterminé et fixé, par exemple, à la capacité de 1,200 mètres cubes, voici quel est le calcul à faire :

J'admets qu'il faille renouveler tout l'air de l'atelier une fois par demi-heure : ce sera 667 décimètres cubes d'air à faire passer par seconde dans la magnanerie.

Plaçant quatre gaines de ventilation au plancher et quatre au plafond de la magnanerie, chaque gaîne devra pouvoir donner écoulement à 167 décimètres cubes d'air par seconde; et voulant donner 1 mètre de vitesse par seconde à ce courant d'air, la section verticale de chaque gaîne ou son ouverture devra avoir 16$^{\text{décimèt. carrés}}$,7 de surface.

En augmentant cette surface d'un cinquième, on aura 20 décimètres carrés pour la somme des surfaces des trous inégaux à percer sur chaque gaîne.

La section verticale du coffre où se réunissent les quatre gaînes placées au haut de la magnanerie et le passage qui communique de ce coffre à la grande cheminée devront avoir une surface égale à cinq fois la section d'une gaîne, ou à 83$^{\text{décimèt. carrés}}$,5. Quant aux dimensions à donner à la section de la cheminée, elle sera du double de ces dernières ouvertures, c'est à dire qu'elle aura 167 décimètres carrés de surface.

J'ajouterai que plus on donnera de hauteur à la cheminée, moins on aura besoin d'avoir recours au tarare, et plus on dirigera facilement la ventilation dans les temps ordinaires.

Relativement au percement des trous inégaux, sur chaque gaîne il s'est encore élevé des difficultés pratiques. M. *Combes* m'a promis d'étudier cette question et de tâcher de fournir aux constructeurs de magnaneries une méthode exacte et facile pour déterminer, pour chaque cas particulier, la dimension de chacun des trous inégaux qui doivent être percés sur chaque gaîne de ventilation. En attendant la publication de ce travail, j'indiquerai ici celle des méthodes approximatives qui a été employée avec le plus de succès pour faire l'opération dont il s'agit.

La somme des surfaces des trous inégaux qui doivent être percés sur chaque gaîne ayant été déterminée comme il est dit plus haut, et étant de 20 décimètres carrés, on coupe dans une feuille de carton mince et bien égale d'épaisseur un morceau ayant exactement 20 décimètres carrés de surface ; on met ce morceau de carton dans le plateau d'une balance, et l'on met dans l'autre plateau une série de cercles coupés dans la même feuille de carton et formés d'un premier cercle ayant 25 millimètres de diamètre et d'autres cercles dont les diamètres vont toujours en augmentant de 1 millimètre, par exemple, pour chaque cercle. On fera de ces cercles tant qu'il en faudra pour que leur série équivale, en poids, au morceau de carton représentant la surface de la somme des trous inégaux, et quand on aura ainsi complété cette série il n'y aura plus qu'à placer ces cercles de carton sur toute la longueur de la gaîne, en les y disposant à égale distance les uns des autres, qu'à en tracer les circonférences au crayon et qu'à en faire percer les ouvertures par le menuisier.

Ce moyen est suffisamment exact et d'une exécution facile ; je conseille donc d'en faire usage, au moins en attendant mieux.

DESCRIPTION

D'un appareil destiné à sécher, dans les magnaneries, les feuilles de mûrier cueillies étant humides;

PAR M. D'ARCET.

Les vers à soie vivant en plein air sur des mûriers exposés à la rosée et à la pluie, souvent n'ont à manger que des feuilles chargées d'eau, et il est probable que, dans l'état de nature, cette circonstance ne leur est pas défavorable, à cause de la grande ventilation à laquelle ils sont alors soumis; mais il en est autrement dans les magnaneries ordinaires, et là une longue expérience a prouvé que l'emploi des feuilles mouillées était funeste à la santé des vers et diminuait de beaucoup le produit des éducations. Il est à croire que l'inconvénient de l'emploi des feuilles humides serait moindre dans une magnanerie bien ventilée : peut-être même que les vers à soie pourraient s'y nourrir sans danger de feuilles chargées d'un peu d'eau; néanmoins il m'a paru utile de reprendre cette question que je n'avais traitée qu'incidemment dans mon premier mémoire, et d'indiquer les moyens à employer pour toujours ramener les feuilles de mûrier, cueillies étant humides, au degré de dessiccation qu'elles ont lorsqu'elles sont prises sur l'arbre par un beau temps, et sous l'influence des circonstances atmosphériques les plus convenables. L'appareil dont je vais donner la description est peu compliqué, peu coûteux à établir, facile à diriger et me paraît devoir être d'un emploi avantageux, surtout dans les localités où des pluies fréquentes pourraient avoir une influence nuisible sur la nourriture des vers à soie.

Description de l'appareil.

Cet appareil se compose, 1° d'un calorifère servant à élever de quelques degrés, et lorsqu'il en est besoin, la température du courant ventilateur; 2° d'un tarare en bois ou mieux en tôle, donnant au courant d'air l'impulsion requise; 3° d'une longue caisse en bois dans laquelle les feuilles humides sont séchées au degré convenable, par le moyen du grand courant d'air auquel toutes leurs surfaces sont exposées : les feuilles seront donc séchées, dans cet appareil, comme elles le sont sur l'arbre lorsque, après la pluie, elles se trouvent exposées à l'action du vent.

Pl. 4, fig. 1. Coupe horizontale du calorifère suivant la ligne AB de la *fig.* 3;

cette coupe représente le plan du fourneau au dessous de la grille : l'espace vide que l'on voit en *r* est le plan du cendrier de ce fourneau.

Fig. 2. Coupe horizontale du calorifère selon la ligne CD de la *fig*. 3.

h, Entrée du courant d'air qu'il faut échauffer.

i, Calotte en fonte couvrant le foyer et formant le calorifère.

l, Sortie de l'air après son échauffement.

s, Grille du fourneau; on voit ici et en *s*, *fig*. 3, que les barreaux de cette grille sont mobiles, et que leur extrémité antérieure dépasse le dehors de la porte du foyer : cette disposition permet aux barreaux de se dilater librement, les empêche de se déformer, et rend le nettoyage de la grille très facile.

t, Plan des quatre piliers en briques qui supportent la plaque de fonte *v*, comme on le voit *fig*. 3 et 4.

u, Cloisons s'élevant, comme il est indiqué en *u*, *fig*. 3, jusqu'à la moitié de la hauteur du carneau : ces cloisons forcent le courant d'air qui entre en *h* à se mettre en contact avec toute la surface de la calotte de fonte *i*, avant de sortir du calorifère par le conduit *l*.

Fig. 3. Coupe verticale du calorifère, selon la ligne GH, *fig*. 1 et 2.

i, Calotte de fonte couvrant le foyer.

r, Cendrier du fourneau.

s, Grille du fourneau; on voit que les barreaux en sont libres et qu'ils posent seulement, en avant, sur une plaque de fonte, et en arrière sur un simple sommier.

t, *t*, Deux des quatre piliers en briques sur lesquels est simplement posée la plaque de fonte *v* qui couvre le foyer.

u, *u*, Cloisons qui obligent le courant d'air à toucher la plus grande surface possible de la calotte en fonte *i*.

v, Plaque de fonte servant à diriger de tous côtés la flamme sortant du foyer vers la paroi intérieure, et à la base de la calotte en fonte *i* : la mobilité de cette plaque rend très facile le nettoyage intérieur du calorifère et de son tuyau *x*.

x, Tuyau du calorifère.

y, Clef ou soupape placée sur le tuyau *x*, à sa sortie du fourneau : cette clef sert à modérer convenablement le tirage du foyer lorsque le feu y est allumé, ou à conserver lorsqu'il en est besoin, la chaleur dans le massif du calorifère après l'extinction du feu.

z, Porte du foyer.

Fig. 4. Coupe verticale du calorifère selon la ligne EF, *fig*. 1 et 2; cette coupe est vue du point H.

Les mêmes lettres indiquant les mêmes objets déjà cités en décrivant les trois premières figures, ce serait inutilement allonger cette légende que de rappeler ici les détails qui se rapportent à ces lettres : il me suffira de recommander d'avoir cette figure sous les yeux en étudiant celles qui précèdent (1).

Pl. 5, *fig.* 5, Plan général de l'appareil.

a, Calorifère.

b, Tarare faisant fonction de machine soufflante (2).

c, Caisse dans laquelle se placent les feuilles humides que l'on veut faire sécher.

d, Tuyau portant au dehors de l'atelier le courant d'air qui a traversé la grande caisse *c* et qui s'y est chargé de l'excédant de l'humidité des feuilles.

e, Plancher en bois sur lequel l'ouvrier monte lorsqu'il doit mettre les feuilles humides dans la caisse *c*, les y retourner et les en retirer après la dessiccation.

f, Escalier en bois pour monter sur le plancher *e*.

On voit ici que l'air échauffé dans le calorifère *a* pénètre dans le tarare *b* par les centres de ses parois circulaires, au moyen du coffre *g*.

Quant à la caisse *c*, son couvercle est divisé en plusieurs parties pour ne pas découvrir à la fois tout le dessus de la caisse, et surtout pour que l'ouverture et la fermeture du couvercle général puissent s'opérer sans employer beaucoup de force et sans difficulté.

Il est essentiel, pour que l'appareil fonctionne bien, que les couvercles ferment exactement le dessus de la caisse; il faudra donc garnir de lisières ou de peau les bords de la caisse sur lesquels posent les couvercles, et fixer les bords antérieurs des couvercles à la caisse, par le moyen de moraillons en fer et de

---

(1) Le calorifère dont je viens de donner la description conviendra bien pour le service d'une grande magnanerie ; mais, dans les petits établissemens, on pourra économiser une partie notable des frais occasionnés par cette construction; il suffira, dans ce cas, d'établir, dans un coin de l'atelier, une petite chambre ayant 3 ou 4 mètres cubes de capacité, et de placer dans l'intérieur de cette chambre un poêle ordinaire à courant d'air ou un simple poêle en fonte ; il ne restera alors qu'à introduire, dans cette chambre, le volume d'air suffisant, à l'y échauffer au degré convenable, et à mettre l'intérieur de cette étuve en communication avec le tarare.

(2) Au lieu de se servir du tarare pour souffler l'air chaud dans la caisse, il y aurait probablement économie de force motrice à l'employer comme machine aspirante, à la suite de l'appareil ; mais, dans ce dernier cas, il faudrait que les couvercles de la caisse *c* fermassent bien exactement.

clavettes en bois : en ayant soin d'attacher avec de la ficelle chaque clavette au dessous de son moraillon, on ne risquera pas de les égarer et d'avoir à les chercher quand on en aura besoin,

Fig. 6. Coupe générale de l'appareil, selon la ligne EF, *fig.* 1.

Les mêmes lettres y indiquent les mêmes objets que dans la *fig.* 5.

On voit ici l'intérieur du calorifère, du tarare et de la caisse où se placent les feuilles humides.

En allumant le feu dans le foyer du fourneau et en faisant jouer le tarare, l'air extérieur pénétrera dans le calorifère par l'ouverture *h*, s'échauffera en passant autour et à la surface de la calotte en fonte *i*, arrivera au passage *l*, et entrera dans le tarare, d'où il sera chassé, par l'ouverture *m*, dans l'intérieur de la caisse *c*.

Une portion du courant d'air chaud passe, comme on le voit en *n*, dans la partie inférieure de la caisse et au dessous du filet ou du grillage *o*, sur lequel les feuilles humides sont étendues en couche mince et sans être foulées; l'autre partie du courant d'air pénètre en *p* dans le dessus de la caisse, et y est mise en contact avec les feuilles.

Ces deux courans partiels, après avoir traversé la caisse dans toute sa longueur en dessous et en dessus des feuilles, se réunissent en *q*, d'où ils sont chassés, par l'action du tarare, au dehors de l'atelier et dans l'atmosphère par le tuyau *d*.

On conçoit qu'il ne sera pas toujours nécessaire d'échauffer le courant ventilateur avant de l'introduire dans la caisse; que l'on pourra, quand l'air ne sera pas trop humide au dehors de l'atelier, faire fonctionner le tarare et sécher les feuilles humides sans faire de feu dans le calorifère, et que, dans le cas contraire, il suffira toujours d'élever la température de l'air de peu de degrés pour sécher promptement les feuilles humides placées dans la caisse, au point où elles le sont sur l'arbre, après la pluie, sous l'influence du vent le plus faible. J'ajouterai qu'il est même essentiel de n'opérer le séchage des feuilles qu'à la plus basse température possible, afin de ne pas risquer de les faner et d'outre-passer le point de dessiccation qu'il est utile de leur donner : ce ne sera donc pas peu d'air élevé à une haute température qu'il faudra employer, mais beaucoup d'air peu échauffé qu'il faudra faire passer à la surface des feuilles humides que l'on voudra convenablement sécher.

L'expérience apprendra bientôt, en se servant de cet appareil, quand il faudra échauffer le courant ventilateur; de quel nombre de degrés on devra en élever la température; quelle vitesse il sera nécessaire de donner au tarare et quelle épaisseur à la couche de feuilles; comment il faudra les retourner et les changer de place dans la caisse; combien on pourra sécher de kilogrammes de feuilles par heure et par mètre carré du grillage placé dans la caisse, et enfin toutes les petites précautions de détail qu'il sera utile de prendre pour amener l'opération à bonne fin.

Fig. 7, Face du tarare vu du point F, *fig.* 1.

On voit ici, en *g*, *g*, la caisse en bois par laquelle l'air échauffé dans le calorifère est conduit aux centres des deux parois circulaires du tarare (1).

Fig. 8, Coupe transversale de l'appareil selon la ligne IK, *fig.* 5; cette coupe est vue du point F.

On remarque ici la disposition de l'escalier, celle du plancher *e*, et les détails, tant intérieurs qu'extérieurs, de la caisse *c*; on y voit aussi comment les couvercles de la caisse peuvent être maintenus ouverts, soit en les appuyant contre le mur auquel la caisse est adossée, soit en les soutenant à la hauteur convenable, au moyen de cordes, de poulies et de contre-poids.

Ce qui a été dit plus haut en décrivant l'ensemble de ces figures est plus que suffisant pour les bien expliquer et me dispense d'entrer, à ce sujet, dans de plus longs développemens : il ne me reste donc, après avoir fait connaître toutes les parties de l'appareil, qu'à indiquer la manière de s'en servir en travail suivi.

Direction de l'appareil servant à sécher les feuilles récoltées étant humides ou mouillées.

J'ai déjà dit que, suivant l'état hygrométrique de l'air, il faudrait échauffer ou ne pas échauffer le courant ventilateur : je supposerai ici avoir à opérer le séchage des feuilles par un temps de pluie, et lorsque l'air est très chargé d'humidité, ce qui est la circonstance la plus défavorable où l'on puisse se trouver.

On secouera les feuilles, après le cueillage, pour en séparer mécaniquement le plus d'eau possible; pendant cette opération, on fera assez de feu dans le foyer du calorifère pour élever seulement de cinq ou six degrés centigrades la température du courant ventilateur; on répartira uniformément les feuilles sur toute la surface du grillage *o*, *fig.* 6 et 8, en ayant soin de ne pas les

(1) Le courant ventilateur, ne devant être échauffé que de quelques degrés dans le calorifère, ne pourra pas nuire à la solidité du tarare construit en bois, ni, à plus forte raison, l'incendier; cependant, par excès de précaution, il serait convenable de construire la caisse *g* et le tarare en tôle. Si l'on ne prenait pas ce parti, il faudrait faire en tôle la caisse *g*, et peindre l'intérieur du tarare en bois avec une couleur épaisse et composée de colle-forte, d'alun et d'ocre jaune.

tasser sur le grillage et de n'en pas mettre une trop grande épaisseur; on fermera exactement tous les couvercles qui forment le dessus de la caisse *c*, et on fera aussitôt jouer le tarare. Un thermomètre dont la boule seule sera engagée, soit dans le conduit *g*, à la sortie du calorifère, soit en *m*, là où l'air sort du tarare pour entrer dans la caisse *c*, servira à régler le degré de chaleur convenable dans le foyer, ce qui sera facile, puisque la clef *y*, placée sur le tuyau *x*, servira à modérer la combustion sur la grille *s*, juste dans la proportion qui sera indiquée par la marche du thermomètre.

Cela bien réglé, on continuera à donner au tarare la vitesse qui lui fera débiter le plus grand volume d'air possible; on examinera de temps en temps les feuilles placées en tête de la caisse *c* du côté du tarare, et l'on en renouvellera les surfaces s'il en est besoin; si les feuilles placées à l'entrée de l'air dans la caisse se séchaient sensiblement plus vite que celles placées à l'autre extrémité, on remédierait à cet inconvénient soit en éparpillant à la surface de la couche quelques feuilles humides sur les feuilles sèches, soit en la couvrant d'une toile là où les feuilles seraient assez séchées (1).

Les feuilles, étant toutes amenées au degré de sécheresse jugé être le plus convenable, seront retirées de la caisse et mises en tas dans un lieu frais ou même un peu humide, pour qu'elles puissent se niveler sous le rapport hygrométrique et être ensuite distribuées aux vers à soie, comme on le fait ordinairement, et comme si elles avaient été récoltées sous l'influence des circonstances atmosphériques les plus favorables.

Aussitôt après avoir retiré les feuilles de la caisse, après la première opération, on répétera la même manœuvre et l'on continuera ainsi tant que l'on aura des feuilles à ramener au degré de sécheresse convenable.

On voit, par ce qui vient d'être dit, qu'il y a toute chance de succès dans l'emploi de l'appareil que je viens de décrire, qu'il n'est pas besoin d'un ouvrier habile pour en tirer bon parti, et que l'expérience aura bientôt appris tout ce qu'il faudra savoir pour atteindre complètement le but que je me suis proposé en combinant les différentes parties de cet appareil.

---

(1) Si cet inconvénient se présentait avec quelque gravité, on pourrait y obvier en ayant soin de placer en tête de la caisse, du côté du tarare, les feuilles les plus humides, ou en tassant davantage les feuilles, dans cette partie de la caisse, qu'on ne le ferait à son autre extrémité; on pourrait enfin en venir, comme je l'ai indiqué dans mon premier mémoire, à placer dans la caisse *c*, au lieu du grillage *o*, une toile sans fin, soutenue de place en place par des rouleaux mobiles; en faisant tourner de temps en temps cette toile de droite à gauche, on n'aurait qu'à retirer les feuilles séchées du côté du tarare et à remettre les feuilles humides du côté opposé de la caisse : le travail serait alors facile et très régulier.

J'ajouterai qu'il sera facile de simplifier le service de la caisse *c*, qu'il suffira, pour cela, de placer le calorifère et le tarare assez en contre-bas pour que le couvercle de la caisse *c* ne soit élevé au dessus du sol général de l'atelier qu'à la hauteur convenable pour que l'ouvrier puisse placer dans la caisse et en ôter facilement les feuilles : il n'aurait plus alors à monter et à descendre l'escalier *f* et à manœuvrer sur le plancher *e*. Cette disposition est certainement la plus convenable ; elle aura, d'ailleurs, l'avantage de diminuer la dépense d'établissement de l'appareil : il faudra donc l'adopter partout où la localité le permettra, c'est à dire là où, n'y ayant pas de caves sous l'atelier, on pourra, sans inconvénient, abaisser convenablement une partie de son sol.

Je terminerai cette description en faisant observer que l'appareil dont je propose l'emploi, après avoir servi au séchage des feuilles de mûrier humides ou mouillées, pendant toute la durée de l'éducation des vers à soie, pourra ensuite servir à étouffer les cocons (1); et qu'en tout autre temps il pourra être utilement employé dans beaucoup d'autres opérations que l'on a continuellement à faire dans de grandes exploitations agricoles, et pour lesquelles on y manque d'appareils convenables : tels sont la dessiccation des haricots, des pois, des lentilles qui sont récoltés avant leur parfaite maturité; celle des graines destinées à la semence; la préparation des pruneaux; celle des raisins secs; la dessiccation des betteraves, celle des champignons, des fromages; celle du linge humide, et, en un mot, cette foule de dessiccations que, dans l'intérêt de l'agriculture autant que dans celui du ménage, il serait si important de pouvoir pratiquer facilement et économiquement dans toutes les propriétés rurales. Il me semble que ces considérations, qui viennent à l'appui de ce qui précède, doivent décider facilement les magnaniers de tous les pays et surtout ceux qui s'établissent dans le nord de la France où il pleut souvent à l'époque où se fait l'éducation des vers à soie, à adopter l'appareil qui fait le sujet de ce mémoire.

On m'a reproché, depuis la publication de mon premier mémoire sur l'assainissement des magnaneries, d'avoir proposé l'emploi de moyens trop dispendieux et trop compliqués : je pense bien que l'appareil que je viens de décrire ne sera pas adopté sans opposition et qu'il fortifiera les objections déjà faites et en soulevera d'autres; mais je suis encouragé par le succès obtenu en 1835, dans la magnanerie de M. *Camille Beauvais*, et par la certitude

(1) Je pense, en effet, qu'on étoufferait très bien les cocons dans la caisse *c*, soit en élevant convenablement la température, soit au moyen de l'acide sulfureux produit par du soufre que l'on ferait brûler dans un vase placé dans la partie *h* du calorifère.

que j'ai, moi, vieux manufacturier, de ne proposer que des procédés facilement praticables dans des usines bien montées et bien dirigées. D'ailleurs, en considérant que le goût de l'agriculture se répand dans la classe riche, que, prochainement, de grands capitaux seront consacrés au développement de toutes les industries agricoles, et que les sciences sont bien en mesure de favoriser et d'accroître cette heureuse impulsion, n'est-on pas porté à croire que le moment est arrivé où l'on peut et où l'on doit chercher à tirer l'industrie de la production de la soie de l'état d'enfance où elle est restée depuis son introduction en Europe? J'ajouterai qu'il ne s'agit pas ici de faire de grandes dépenses pour la production d'une marchandise se vendant à vil prix, et que, sous ce rapport, tout est dans cette question en sens contraire de ce qui se passe dans la plupart des grandes branches de l'industrie manufacturière. Une magnanerie bien montée ne coûtera guère plus qu'on ne dépenserait pour la mal établir comme on le fait maintenant : il faudra certainement plus de soins pour y bien diriger le travail; mais à l'époque actuelle, où l'industrie a fait de si grands progrès et de si belles conquêtes, cela ne pourrait être une difficulté que pour des hommes ne marchant pas avec le siècle : quant à l'augmentation de dépense journalière pendant le cours de l'éducation, peut-elle sérieusement faire objection quand on la compare à l'accroissement et à la grande valeur des produits? On n'hésitera pas sans doute à se prononcer pour la négative, en se rappelant que les magnaniers de l'Europe n'obtiennent, terme moyen, que cinquante livres de cocons par once de graine; que l'on doit tripler ce produit en opérant dans une magnanerie bien organisée et bien dirigée; que la soie grège se vend, terme moyen, à raison de 60 fr. le kilogramme; et enfin que la France achète à l'étranger pour plus de 40 millions de soie par an, tandis qu'elle pourrait facilement produire cette quantité de soie, et qu'elle serait même assurée de placer ce qu'elle en produirait en sus de ses besoins, en Angleterre, en Russie et dans tout le nord de l'Europe, où l'on a donné un grand développement au tissage des étoffes de soie, sans pouvoir y créer la production de cette matière première. J'espère que ces hautes considérations détruiront les objections qui m'ont été faites; que les grands propriétaires regarderont la production de la soie comme étant une véritable industrie manufacturière; qu'ils y consacreront les capitaux et les soins convenables, et qu'en la réunissant à leurs exploitations agricoles ils n'hésiteront pas à la sortir des langes où elle est jusqu'ici restée et à la porter de suite à la hauteur où ont été élevées, dans ces derniers temps, la fabrication de la soude factice, celle du sucre de betteraves, celle des acides et celle de tant d'autres produits que la chimie a su promptement amener à un point de perfection tel qu'il eût été certainement regardé comme chimérique il y a une cinquantaine d'années.

Indication des moyens à employer, dans les magnaneries, pour y refroidir convenablement le courant ventilateur, lorsqu'il fait trop chaud au dehors;

PAR M. D'ARCET.

J'avais cité, dans mon premier mémoire sur la construction des magnaneries salubres, l'emploi de la glace comme présentant un moyen puissant et infaillible de diminuer convenablement la température du courant ventilateur, lorsque l'air est trop chaud au dehors; et, en prenant ce parti, j'avais compté sur l'impulsion que donne la Société d'Encouragement à la construction des petites glacières dans les établissemens ruraux : mais les succès obtenus en 1835 et 1836 dans les magnaneries salubres des environs de Paris, et la propagation rapide des moyens d'assainissement appliqués à l'éducation des vers à soie, m'ont fait sentir la nécessité de revoir cette partie de la question et d'indiquer les moyens qui peuvent, en cas de besoin, remplacer l'emploi de la glace pour le refroidissement convenable du courant ventilateur, lorsque l'air extérieur se trouve à une température trop élevée : je présente cette nouvelle Notice à la Société d'Encouragement, en la remerciant, j'oserai dire, au nom de l'industrie de la production de la soie, de l'appui qu'elle a bien voulu me prêter et des mesures efficaces qu'elle a prises pour donner immédiatement une grande publicité à mes deux premiers mémoires.

On sait qu'il est possible de construire à bas prix de petites glacières conservant bien la glace; que ces glacières sont très multipliées en Amérique et qu'elles commencent à être connues et bien appréciées en France, Il serait donc facile, là où il gèle ordinairement en hiver, d'y avoir de la glace pour le service des magnaneries; mais je supposerai qu'il est impossible de se procurer cette grande ressource, et qu'il faut avoir recours à d'autres moyens pour ramener l'air trop chaud au degré de température que la magnanerie doit avoir pendant toute la durée de l'éducation des vers à soie (1).

(1) On pourra trouver d'utiles renseignemens sur la construction des glacières économiques dans les ouvrages dont voici les titres :

Essais and notes on Husbandry and rural affairs, par M. Bordley, page 304, volume in-8° publié à Philadephie.

L'air n'est jamais saturé de vapeur d'eau dans nos climats, et surtout en été; il suit de là que, si l'on fait passer un courant d'air sur des surfaces humides ou mouillées, son action déterminera la vaporisation d'une certaine quantité d'eau, ce qui donnera lieu à un refroidissement d'autant plus grand que la ventilation sera plus puissante et qu'elle sera opérée avec un air moins chargé de vapeur aqueuse.

C'est ainsi qu'une pluie de courte durée abaisse sensiblement la température de l'air; que l'on a froid lorsque après avoir été mouillé on s'expose à l'action d'un courant d'air rapide, et que l'on refroidit le liquide contenu dans une bouteille en entourant le vase d'un linge mouillé et en l'exposant à l'air. C'est ce même principe qui donne l'explication de l'action rafraîchissante des vases poreux connus sous le nom d'*alcarrazas*, et du bien-être que procure le jeu de l'éventail dans les pays chauds; et c'est encore lui qui explique le grand refroidissement des caves où l'on fabrique les fromages de Roquefort; le procédé d'arrosage si employé dans l'Inde pour y entretenir une fraîcheur agréable dans l'intérieur des maisons, et, enfin, cette expérience souvent répétée dans les mines de Poullaouen, département du Finistère, et dans celles de Schemnitz, en Hongrie, où la sueur de la tête est convertie en glace dans le chapeau, en y injectant un courant d'air fortement comprimé.

L'application de ce procédé au refroidissement du courant ventilateur d'une magnanerie est d'autant plus sûre que, dans ce cas, ce n'est que de quelques degrés centigrades, et seulement pendant la journée, que l'on peut avoir à refroidir l'air employé pour assainir l'atelier.

Il y a plusieurs moyens d'appliquer ce procédé de refroidissement dans une magnanerie salubre

On peut se contenter de placer des linges mouillés sur des cordes tendues dans la chambre à air; c'est ce que j'avais conseillé de faire chez M. *Camille Beauvais*, où il n'y a pas de cave sous la magnanerie; mais il est bien préférable, lorsque le bâtiment est construit sur caves, de faire parcourir, à l'air que l'on veut refroidir, le plus long trajet possible sous le sol, avant de le conduire aux gaînes de ventilation: c'est ce que j'ai fait exécuter dans la magnanerie du roi, à Neuilly, où la disposition du bâtiment le permettait. Dans cet arrangement, on obtient le plus grand abaissement de tempé-

---

Nouveau Cours complet d'Agriculture théorique et pratique, publié en 1822 par Deterville, article Glacière, page 387.

Architecture rurale, par M. de Perthuis, volume in-4° publié en 1810.

Bulletin de la Société d'Encouragement, année 1827, page 224, et année 1835, page 529.

rature, soit en arrosant le sol des caves, soit en y suspendant, en travers, des toiles mouillées et en introduisant directement l'air, ainsi refroidi, dans les gaînes de ventilation, à leur origine au dessus de la chambre à air, et sans le faire passer dans cette chambre : on peut, d'ailleurs, en prenant une portion d'air dans la cave, et une autre portion dans la chambre à air ou bien à l'extérieur, faire des mélanges à toute dose et donner ainsi juste le degré de refroidissement voulu, au courant ventilateur. M. *Aubert*, qui a parfaitement dirigé l'éducation des vers à soie faite cette année à Neuilly, a eu plusieurs fois à refroidir l'air servant à la ventilation de l'atelier, et il y est très bien parvenu, même dans les cas difficiles, sans employer de glace et au moyen de la seule disposition dont je viens de parler.

J'ajouterai que M. *de Balincourt*, qui est propriétaire, près le Pont-du-Saint-Esprit, de l'une des plus grandes magnaneries de France, et qui va la convertir en magnanerie salubre, se propose, n'ayant pas de caves sous son bâtiment, de faire construire en dehors, tout le long de la façade, un canal souterrain, où il fera passer de l'eau à volonté, et que le courant ventilateur aura à traverser dans toute sa longueur avant d'arriver aux gaînes de ventilation, à leur origine au dessus de la chambre à air.

On conçoit que l'on pourrait perdre une partie de l'avantage que doit procurer ce mode de refroidissement si l'on faisait passer le courant d'air refroidi à travers la chambre à air où se trouve l'appareil de chauffage, et où la température reste élevée longtemps, même après que le feu y est éteint : c'est pour éviter cet inconvénient que j'ai dit plus haut que, dans le cas où il sera besoin de refroidir le courant ventilateur, il faudra l'introduire directement dans les gaînes à leur sortie de la chambre à air; il suffira, pour bien produire l'effet voulu, d'isoler, au moyen de tirettes en tôle, les gaînes, de la chambre à air, et de pratiquer à chacune, et au dessus de sa tirette, une chatière se fermant à volonté et qui ait une ouverture égale en surface à la section transversale de la gaîne.

En fermant la chatière et ouvrant la tirette, on prendra le courant ventilateur dans la chambre à air, tandis qu'en ouvrant la chatière et fermant la tirette ce sera de l'air refroidi que l'on prendra directement dans la cave : on conçoit, d'ailleurs, qu'en ouvrant à la fois et plus ou moins la tirette et la chatière, le courant ventilateur se composera d'un mélange d'air chaud et d'air froid auquel on pourra ainsi donner exactement la température nécessaire.

Ce qui vient d'être dit me paraît si simple et si clair, que je pense qu'on le comprendra à la première lecture, surtout quand on aura bien étudié mon premier mémoire. C'est cette conviction qui m'a empêché de joindre une planche à cette troisième publication ; cependant, si l'expérience me prouvait que cela fût nécessaire, je joindrais les plans détaillés de l'appareil de refroidissement à la première réimpression qui se fera de cette note.

Divers renseignemens sur la construction des magnaneries salubres et sur la partie chimique de la production de la soie;

PAR M. D'ARCET.

Lorsqu'une industrie reçoit une grande impulsion et que l'on en suit les progrès journaliers, on ne peut pas classer de prime abord toutes les notes que l'on recueille, ni coordonner de suite tous les faits qui se présentent ; il est cependant nécessaire, pour aider au perfectionnement, que ces observations et ces notes soient publiées sans retard : c'est cette considération qui m'a décidé à joindre à mes trois premiers mémoires sur les magnaneries salubres ce supplément, composé de divers renseignemens isolés, mais tous relatifs à la production de la soie.

Lorsque, pour la construction d'une magnanerie, on aura le choix quant à la disposition à lui donner, je pense que l'on fera bien d'adopter pour le grand axe du bâtiment la ligne du nord au sud, ou la méridienne ; les deux grandes façades de la magnanerie recevront ainsi l'influence du soleil chacune à leur tour, et, pour ainsi dire, également.

Si l'on avait besoin d'une orangerie, on pourrait construire la magnanerie à deux fins : il suffirait, pour cela, de la bâtir sur cave et de n'élever le sol de l'atelier que de quelques décimètres au dessus du terrain environnant; il est évident qu'une orangerie possédant les appareils de chauffage, de rafraîchissement et de ventilation nécessaires dans une magnanerie salubre serait parfaite; en y injectant, d'ailleurs, de la vapeur d'eau au besoin et au moyen du système de ventilation, on pourrait y donner assez d'humidité à l'air, ou même y répandre sur les orangers et à temps voulu soit un léger brouillard, soit une pluie fine et tiède.

L'expérience a prouvé que les vers à soie, au moment de la montée, entraient dans les ouvertures inégales des gaînes supérieures de ventilation ; il faudra donc isoler les bruyères de ces trous au moyen d'une claie serrée, ou garnir ces ouvertures de toile métallique avant la montée, ou bien placer les gaines supérieures de ventilation au dessus des passages de la magnanerie.

Il sera bon de placer un ou plusieurs paratonnerres sur les grandes magnaneries, selon la longueur qu'elles auront; on pourra, au lieu de paratonnerre, planter un peuplier à chaque angle et au milieu de la longueur de chacune des deux grandes façades du bâtiment.

On doit se servir, de préférence, des chatières de la chambre à air, qui sont les plus proches du calorifère; c'est le moyen d'économiser le combustible et de mieux régulariser l'échauffement du courant ventilateur.

Il faudra ouvrir la porte du foyer et la clef du tuyau du calorifère quand on voudra le refroidir promptement; on aura à faire le contraire quand on voudra refroidir lentement le calorifère et profiter de la chaleur qui s'y sera accumulée pendant le chauffage.

Si les claies les plus proches de l'entrée de l'air chaud dans la magnanerie recevaient une température trop élevée, on remédierait à cet inconvénient en posant sur de la volige ou sur du carton le rang de claies placé immédiatement au dessus des gaînes inférieures de ventilation, près du sol de la magnanerie.

Si le plancher de la magnanerie n'était pas épais et qu'il ne fût construit qu'en planches, il serait bon d'en éloigner le plafond de la chambre à air, pour ne pas trop échauffer, de ce côté, l'intérieur de l'atelier; dans ce cas, on ferait partir, du dessus de la chambre à air, des gaînes verticales qui iraient se réunir aux gaînes horizontales placées sous le plancher de la magnanerie; ce serait alors dans ces gaines verticales que l'on aurait à placer les tirettes servant à isoler ces gaînes de la chambre à air et les chatières qui doivent servir à introduire à volonté dans ces gaines un courant d'air moins chaud que ne le serait celui qui aurait à traverser la chambre à air antérieurement échauffée.

Dans les localités où l'on voudra couvrir en chaume le bâtiment destiné à l'éducation des vers à soie, il sera bon de rendre cette toiture plus imperméable et plus incombustible, en la recouvrant d'une couche de mortier fait en mélangeant bien ensemble :

Terre glaise.	7 parties.
Sable.	1
Crottin de cheval.	1
Chaux vive.	1

La cheminée qui sert à établir la ventilation de la magnanerie ne doit pas être rétrécie à son sommet; son orifice supérieur doit être garanti de la pluie au moyen d'un chapeau en tôle assez grand et placé horizontalement à deux ou trois décimètres au dessus de l'ouverture de cette cheminée : si la localité faisait craindre que des coups de vent pussent refouler la fumée dans la magnanerie, il faudrait faire monter le tuyau du calorifère et du fourneau d'appel dans toute la hauteur de la cheminée et le faire sortir, à son sommet, soit par le côté de la cheminée opposé au vent régnant, soit à travers le grand chapeau en tôle; dans ces deux cas, il sera bon d'élever ce tuyau à un ou deux mètres au dessus du sommet de la cheminée et de garantir son orifice de la pluie, au moyen d'un chapeau en tôle convenablement posé.

Les feuilles de mûrier contiennent au cent :

Feuilles sèches.	32
Eau.	68
	100

100 de feuilles de mûrier sèches contiennent 5,58 d'azote; la feuille de mûrier est donc un aliment très azoté : ceci semble expliquer l'impossibilité où l'on s'est trouvé jusqu'ici de nourrir les vers à soie avec des feuilles d'autres arbres.

Un ver à soie ne mange, dans tout le cours de sa vie, que 29 grammes de feuille fraîche ou 9$^{\text{gram.}}$,28 de feuille sèche, et ne trouve dans cet aliment que 0$^{\text{gram.}}$,518 d'azote : cette quantité d'azote est celle qui est contenue dans 4$^{\text{gram.}}$,572 de soie; cependant le cocon d'un ver à soie ne pèse, sans sa chrysalide, que 0$^{\text{gram.}}$,327.

En renfermant 12 vers à soie avec quelques feuilles dans un appareil fermé, l'air est bientôt devenu très alcalin, et les vers ont rapidement perdu leur activité et leur bonne santé.

Au bout de 24 heures, l'air de la bouteille avait un peu diminué de volume et contenait sur 100 parties :

Azote.	79,11
Acide carbonique.	17,50
Oxygène.	3,39
	100

Cet air était donc presque complètement vicié.

Les parois de la bouteille étaient couvertes de gouttelettes d'eau qui était très fortement ammoniacale : quant aux vers à soie, un était mort; les autres étaient raccourcis, de couleur jaune gris sale, et presque sans mouvement; trois sont morts peu après à l'air et sur des feuilles fraîches; les huit autres ont peu mangé ; trois ont fait un peu de soie avant de mourir ; deux se sont convertis en chrysalides sans filer ; et les trois autres sont morts sans filer et sans se convertir en chrysalides. Il est à remarquer que ces 12 vers étaient bien portans et arrivés à toute leur croissance lorsqu'ils ont été mis dans l'appareil clos : que l'on juge, d'après cela, de l'influence fatale que doit avoir, sur l'éducation des vers à soie, le séjour de ces vers, pendant toute leur vie, dans une magnanerie non ventilée!

Je dirai, en opposition à ce qui précède, qu'en 1835 l'air a été constamment pur dans la magnanerie salubre de M. *Camille Beauvais*, jusqu'au moment de la montée, et qu'en 1836 les essais eudiométriques ont prouvé que, dans la magnanerie des Bergeries et dans celle du roi, à Neuilly, l'air y contenait les 21 p. 100 d'oxygène qui doivent s'y trouver pour qu'il soit pur.

J'ajouterai qu'en 1835 M. *Camille Beauvais*, ayant été obligé, pour favoriser la montée des vers à soie, de boucher en partie les ouvertures des gaînes de ventilation vers le plafond de l'atelier, vit la mortalité des vers commencer : l'air pris alors dans l'atelier était déjà vicié ; il contenait au cent :

Azote.	79,00
Oxygène.	17,43
Acide carbonique.	3,57
	100

et l'eau hygrométrique de cet air, condensée au moyen d'un vase rempli de glace, au centre de la magnanerie, était fortement alcaline et précipitait en brun le nitrate d'argent.

La production d'une si grande quantité d'ammoniaque dans une magnanerie mal ventilée ; la présence de quelques traces de cet alcali dans l'air des magnaneries parfaitement aérées et les résultats de l'expérience citée plus haut sont des faits remarquables et qui, en prouvant combien la ventilation doit être active pour bien opérer l'assainissement des magnaneries, portent à croire que la production d'une haute dose d'ammoniaque, dans les magnaneries ordinaires, contribue pour beaucoup à la mortalité des vers à soie, et indique qu'on ne saurait prendre trop de précautions pour en éloigner cette puissante cause de mortalité qui était restée inaperçue jusqu'ici.

La crotte du ver à soie, étant séchée, donne, au cent, 15 de cendre blanche presque entièrement composée de chaux et contenant un peu de magnésie.

A la distillation, cette crotte donne des vapeurs fortement ammoniacales ; l'analyse démontre qu'elle contient, au cent, 2,057 d'azote.

En traitant à froid la crotte de vers à soie par l'eau distillée, on obtient une liqueur qui, filtrée, a la couleur de la bière; elle est à peine alcaline: on y a recherché sans succès la présence de la chaux, de l'acide sulfurique, de l'acide chlorhydrique, de la gélatine, de l'urée et de l'acide urique. En résumé, on a trouvé dans la crotte de vers à soie beaucoup de chaux, de la magnésie, une substance analogue à la cire, et qui y est en petite quantité; du ligneux qui paraît blanc, vu au microscope, et qui se trouve en grande proportion dans la crotte; quelques débris de feuilles non digérées et une substance azotée soluble dans l'eau et qui en est précipitée par l'alcool.

Je ne suis entré dans les détails qui précèdent que parce que je sais que la crotte de vers à soie se vend jusqu'à six francs les 50 kilog., pour la nourriture des chevaux, des bœufs, des vaches, des porcs et des volailles, et parce que, d'après la composition de cette crotte, je pense qu'elle doit être fort utile dans ces divers emplois (1). Mon fils, qui a fait les analyses organiques citées plus haut, va examiner tous les échantillons prélevés pendant le cours de l'éducation qui s'est faite cette année dans la magnanerie du roi, à Neuilly; je pourrai donc compléter ce travail pour la première réimpression de ces mémoires; en attendant, je publie ces renseignemens pour attirer l'attention sur la partie chimique de l'éducation des vers à soie, qui a été jusqu'ici beaucoup trop négligée.

(1) Voici quelques détails intéressans sur l'emploi que l'on fait des crottes de vers à soie; je les dois à l'obligeance de M. *Victor Blanc*, propriétaire au Mas-Dieu, près Alais, département du Gard. Les crottes de vers à soie se vendent à l'état sec et au poids; le prix en est de 5 francs à 6 francs 25 centimes par kilog. Les cochons que l'on nourrit avec les crottes engraissent à vue d'œil, mais leur chair est de mauvaise qualité, et leur lard devient très rance et prend un mauvais goût; aussi, maintenant, ne donne-t-on de ces crottes aux cochons que pendant leur jeune âge. Les poules et les dindons sont bien nourris avec un mélange à parties égales de crottes et de son ou de farine. Ce mélange, où l'on remplace quelquefois le son ou la farine par l'avoine, est une excellente nourriture pour les chevaux. Les cochons mangent avec avidité les débris de feuilles abandonnés par les vers à soie pendant leurs quatre premiers âges; on ajoute, pour cela, un peu de son à ces débris. Passé le quatrième âge, les vers à soie mangeant toute la partie tendre des feuilles, les débris des feuilles se donnent alors aux vaches; les chevaux mangent avec avidité tous les restes de feuilles de mûrier, mais il y a danger à leur en donner; et on en a vu périr par suite de cette alimentation.

NOTE

Sur l'application des procédés de M. Bassi *dans les magnaneries salubres, pour s'y opposer à l'invasion et au développement de la maladie connue sous le nom de* muscardine;

PAR M. D'ARCET.

L'industrie de la production de la soie, restée, jusqu'à ces derniers temps, dans un état d'imperfection vraiment déplorable, a reçu enfin une grande impulsion, et s'est tout à coup enrichie de découvertes importantes et de notables perfectionnemens.

Tandis que l'Italie nous faisait connaître les belles recherches de M. *Bassi* sur l'origine et le traitement de la muscardine, la France renvoyait à l'Italie, et pour ainsi dire comme échange industriel, les travaux de M. *Camille Beauvais* et les moyens d'assainir les magnaneries, en appliquant à leur construction les principes de la physique usuelle : cette heureuse coïncidence, qui met en commun les connaissances acquises par des nations différentes dans l'intérêt de leur agriculture, de leur industrie et de leur commerce, est sans doute fort remarquable; mais il faut lui donner toute la portée qu'elle peut avoir, et c'est dans ce but que je vais indiquer comment la belle découverte de M. *Bassi* peut immédiatement trouver son application dans les magnaneries salubres construites sur le plan que j'ai proposé en 1835 (1).

On sait que la maladie connue en France sous le nom de *muscardine* est l'une des causes les plus funestes de la mortalité des vers à soie : cette maladie, qui fait périr beaucoup de vers et qui dépeuple souvent une magnanerie entière au moment où presque toutes les dépenses de l'éducation sont faites, avait été longuement étudiée; mais son origine était restée ignorée, et les magnaniers n'avaient aucun bon moyen d'en préserver leurs vers à soie, ni de les en guérir.

Les choses étaient dans cet état lorsque M. *Bassi*, après de longues recherches dirigées avec un talent remarquable et une persévérance bien méritoire, vint annoncer au monde savant qu'une plante de la famille des cryptogames était la cause de la muscardine, et vint indiquer aux magnaniers les moyens

(1) Ce plan de construction se trouve décrit, gravé et développé dans les quatre premiers mémoires que j'ai publiés sur l'assainissement des magnaneries.

à employer pour s'opposer à l'invasion de cette funeste maladie, et même pour la guérir, lorsque les vers à soie en sont atteints.

Je ne m'occuperai pas de la partie théorique de la découverte de M. *Bassi*; il me suffira de dire, sous ce rapport, que cette découverte a été constatée, en Italie, par M. *Balsamô*, et, successivement en France, par MM. *Audouin* et *Montagne* (1); mais je crois devoir entrer dans tous les détails nécessaires pour faire comprendre combien la construction des magnaneries salubres favorise l'application des procédés d'assainissement dus à M. *Bassi*, et comment ces procédés doivent être pratiqués dans ces magnaneries.

Les vers à soie étant élevés dans les magnaneries salubres comme ils pourraient l'être en plein air et s'y trouvant, sous plusieurs rapports, mieux qu'ils ne sont à l'état de nature, je pense que, par ce seul moyen, on évitera l'invasion ou le développement des maladies qui dépeuplent souvent les magnaneries mal construites; mais je supposerai le contraire; et, pour être utile dans la question, je la traiterai en l'étudiant dans l'hypothèse la plus défavorable, c'est à dire en admettant que j'aie à employer de la semence viciée par les germes du *botrytis bassiana*, et à opérer l'éducation des vers à soie dans une magnanerie ordinaire déjà infectée et dépeuplée par la muscardine.

Je commencerais, avant l'automne, par convertir la magnanerie infectée en magnanerie salubre, en suivant exactement le plan de construction indiqué dans mon premier mémoire.

Pendant la durée des constructions, je ferais passer à la lessive tous les sacs, les filets et les rideaux ou toiles employés dans la magnanerie, et je ferais lessiver avec la dissolution de potasse caustique, et ensuite à grande eau, tous les ustensiles et meubles en bois de l'atelier.

Les constructions étant achevées, je ferais badigeonner avec soin tout l'intérieur de la magnanerie, ainsi que les embrasures de ses portes et fenêtres, avec une liqueur composée de chaux vive et de dissolution d'alun, employée en léger excès (2). Cela fait, je placerais tout le mobilier et les ustensiles dans la ma-

---

(1) M. le comte *Jacques Barbô*, de Milan, a publié, à Paris, en 1836, une brochure dans laquelle on trouve un bon résumé des travaux de M. *Bassi*; il faudrait avoir lu cet ouvrage pour bien comprendre les détails dans lesquels je vais entrer.

(2) M. *Bassi* recommande de badigeonner les murs de la magnanerie que l'on veut assainir, soit avec de la dissolution de potasse caustique, soit avec de la dissolution de chlorure désinfectant; mais l'expérience a prouvé que l'emploi de ces dissolutions rendait les murs humides, les disposait à la nitrification, et pouvait même en altérer profondément la solidité. Le badigeon préparé avec la chaux et excès de dissolution d'alun n'a aucun de ces inconvéniens, et je le crois suffisant pour détruire les germes de la muscardine; j'ajouterai ici que, dans la

gnanerie; j'en fermerais exactement toutes les portes et fenêtres ; je ferais un peu de feu dans le calorifère de la chambre à air, et faisant jouer le tarare, j'établirais une grande ventilation d'air pur dans la magnanerie pour en dessécher promptement les murs et le mobilier. Cette dessiccation, opérée à basse température, étant obtenue, je diminuerais la puissance de la ventilation et j'augmenterais la température du courant ventilateur au point de détruire jusqu'au dernier germe de *botrytis bassiana*, s'il en était resté dans la magnanerie ou sur son mobilier.

Les choses étant ainsi préparées, il n'y aurait plus qu'à répéter ce chauffage et cette ventilation une fois par mois, jusqu'au printemps suivant, pour toujours maintenir la magnanerie et son mobilier dans un bon état de sécheresse, ce qui se ferait aisément, puisque, dans l'intervalle des chauffages, il suffirait de laisser ouvertes les chatières de la chambre à air et la communication des gaînes supérieures avec la grande cheminée, pour qu'il passât continuellement un léger courant d'air dans l'intérieur de la magnanerie.

Quant à la semence viciée par les germes du *botrytis bassiana*, je me conformerais en tout point aux indications données par M. *Bassi*, c'est à dire qu'à la fin de l'hiver et avant le retour du printemps, je purifierais cette semence en la trempant dans un mélange à parties égales d'eau et d'alcool à 32 degrés, la faisant sécher à l'ombre sur une planche ou sur une toile bien tendue, et en prenant d'ailleurs toutes les autres précautions d'assainissement et de conservation recommandées à la page 44 de la brochure publiée à Paris, en 1836, par M. le comte *Jacques Barbô* de Milan.

Quelques jours avant de commencer l'éducation des vers à soie, et toujours sans ouvrir ni les portes ni les fenêtres de la magnanerie, j'allumerais du feu dans le calorifère, et, sans activer la ventilation par le moyen du tarare, je ferais dans le bas de la chambre à air une fumigation de chlore, de manière à en remplir la magnanerie pendant quelques heures : cela fait, j'enlèverais les vases fumigatoires placés dans la chambre à air, et continuant le feu dans le calorifère, tout en forçant la ventilation par le moyen du tarare, je rejetterais promptement au dehors l'excès de chlore accumulé dans la magnanerie ; je suspendrais ce travail dès que l'air contenu dans l'atelier ne sen-

---

brochure de M. le comte *Barbô*, il y a de mauvaises indications chimiques qu'il faut rectifier en la lisant : c'est ainsi qu'on y indique le plâtre comme pouvant rendre la potasse caustique, et que, dans plusieurs passages, on y parle de chlorures métalliques au lieu de chlorures désinfectans. Les personnes qui n'auront point de connaissances chimiques feront bien de consulter, à ce sujet, un pharmacien de leur voisinage.

tirait plus le chlore, et tout serait ainsi préparé pour commencer l'éducation des vers à soie.

Le moment étant arrivé de faire éclore la semence, j'opérerais l'incubation comme on le fait dans les meilleures magnaneries, et je dirigerais ensuite l'éducation en suivant les procédés les plus perfectionnés, c'est à dire en hâtant l'opération par le moyen de la chaleur ; en ventilant la magnanerie avec de l'air convenablement chargé de vapeur aqueuse ; en multipliant le nombre de repas ; en délitant souvent les vers à soie au moyen de filets, et en rejetant aussitôt la litière au dehors : je prendrais d'ailleurs toutes les précautions indiquées par M. *Bassi* pour ne pas laisser introduire les germes de la muscardine dans l'atelier, soit par les ouvriers venant du dehors, soit avec les feuilles de mûrier cueillies dans la campagne, soit enfin par l'air ou les mouches entourant la magnanerie ; et, sous ce dernier rapport, j'aurais beaucoup de facilité pour atteindre ce but ; car, pour qu'une magnanerie salubre puisse produire tous les avantages que l'on doit en attendre, quant à l'assainissement, il faut que les portes et les fenêtres en restent constamment fermées et que l'air extérieur ne puisse y pénétrer qu'en passant par la chambre à air, et ne puisse en sortir qu'en se rendant dans la grande cheminée, après avoir parcouru les gaînes supérieures de ventilation.

Si, malgré toutes les précautions qui viennent d'être indiquées, quelques vers à soie venaient à être attaqués de la muscardine, me conformant encore en tout point aux préceptes de M. *Bassi*, je ferais une recherche exacte des vers malades ; je les enterrerais dans le trou à fumier, et j'obligerais l'ouvrier qui aurait touché et enlevé ces vers à purifier ses mains et les ustensiles dont il se serait servi ; mais si la maladie sévissait avec une grande intensité et attaquait à la fois une grande quantité de vers, alors je hâterais, par le moyen de la chaleur et des repas multipliés, l'éducation des vers à soie ; je m'opposerais au développement de la maladie en faisant manger aux vers de la feuille humectée avec de la dissolution de potasse, comme l'a indiqué M. *Bassi*, et j'aiderais à ces moyens en faisant de temps en temps, et surtout le soir et le matin, de légères fumigations de chlore ou d'acide sulfureux, en plaçant, soit les mélanges fumigatoires, soit le soufre en combustion, dans le bas de la chambre à air et près des chatières les plus rapprochées, à droite et à gauche du calorifère.

Je pense qu'en agissant ainsi et en ayant d'ailleurs égard aux conseils donnés par M. *Bassi* pour faire assainir les magnaneries des environs, ou au moins, pour ne laisser entrer dans l'atelier que des ouvriers, des feuilles et des ustensiles préalablement purifiés, on remédierait le mieux possible, dans l'état actuel de nos connaissances, au mal qui naît de la propagation rapide et de l'invasion générale de la muscardine dans les magnaneries mal construites : au reste, ici, je n'affirme rien ; n'ayant pas d'expérience personnelle des moyens curatifs déclarés bons par M. *Bassi*, je les admets comme tels, et je ne fais qu'indiquer combien le système de construction des magnaneries salubres est favorable à l'application de ces moyens, tant sous le rapport de l'égale dispersion des gaz désinfectans, de l'air chaud et de l'air frais dans l'atelier, que sous celui de la clôture exacte de la magnanerie, et de la forte ventilation qui peut, à volonté, y être régulièrement opérée soit par le moyen du fourneau d'appel, soit en se servant du tarare.

NOTICE

Sur un nouveau tarare destiné à la ventilation des magnaneries, des salles d'hôpitaux, de spectacles, etc.;

PAR M. COMBES, INGÉNIEUR EN CHEF DES MINES.

Parmi les machines qui ont pour but de mettre en mouvement les fluides aériformes, le ventilateur à force centrifuge, plus vulgairement connu sous le nom de *tarare*, se distingue par une grande simplicité de construction, qui rend son établissement peu dispendieux, et réduit presqu'à rien les frais d'entretien ; il a, en outre, l'avantage de n'admettre, comme parties mobiles, que des pièces douées d'un mouvement de rotation continu, et de produire un effet parfaitement uniforme. A l'occasion des études auxquelles je me suis livré relativement à la ventilation des mines, j'ai tâché de déterminer les règles de construction des tarares, d'après les principes de la mécanique appliquée aux machines. Je me suis bientôt aperçu que la construction généralement adoptée, telle que j'ai eu l'occasion de la voir dans diverses usines ou manufactures, et qu'elle est indiquée dans quelques ouvrages, ne satisfaisait pas à ces principes. La note suivante, que j'ai rédigée à la demande de MM. *d'Arcet* et *Henry Bourdon*, contient les résultats auxquels je suis arrivé, pour le cas particulier des tarares destinés à la ventilation des salles, des magnaneries, etc. J'ai supprimé toutes les formules algébriques ; mais je rappellerai en peu de mots les principes fondamentaux de la mécanique, sur lesquels s'appuie la construction nouvelle que je propose.

Pour ventiler un espace fermé, il faut remplacer l'air qui le remplit par de l'air frais puisé dans l'atmosphère extérieure ; or, le déplacement d'une masse d'air quelconque, dans une direction quelconque, au milieu d'une atmosphère supposée en équilibre, n'exige théoriquement aucune dépense de force motrice, parce que ce déplacement ne modifie aucunement, ni la position du centre de gravité de la masse totale de l'atmosphère, ni l'état de compression de l'ensemble des couches qui la constituent. Il en est de ceci comme du transport horizontal des fardeaux, qui n'exige aucune autre dépense de force que celle absorbée par les frottemens et autres résistances passives produites dans le mouvement de la machine dont on fait usage. Mais, si le déplacement de l'air n'exige aucune dépense théorique de force motrice, la projection de l'air dans l'espace, avec une vitesse déterminée comme dans les machines soufflantes, nécessite au contraire une dépense de travail moteur dont on trouvera l'expression en unités dynamiques, chacune d'un kilogramme élevé à un mètre de hauteur verticale, en multipliant la masse de l'air projeté, par le carré de la vitesse qu'on lui imprime, et prenant la moitié de ce produit. La masse de l'air s'obtient, d'ailleurs, en divisant son poids exprimé en kilogrammes par l'intensité de la pesanteur, ou par le double de l'espace parcouru par un corps grave tombant librement, pendant la première seconde de sa chute.

Il suit de là qu'en construisant une machine destinée à renouveler l'air qui remplit un espace déterminé, il faudra faire en sorte que l'air puisé par l'appareil soit rejeté dans l'atmosphère extérieure avec une vitesse nulle, ou du moins avec la plus faible vitesse possible. Le tarare ordinaire ne satisfait point à cette condition; car on le dispose le plus souvent de façon qu'il rejette au dehors, par un bout de tuyau, l'air qu'il puise dans la salle. C'est alors une véritable machine soufflante, qui lance l'air dans l'atmosphère, avec une vitesse d'autant plus considérable, qu'on a besoin d'une ventilation plus active, et que par conséquent on le fait tourner plus vite. Il en résulte que le travail moteur nécessaire pour mettre ce tarare en mouvement croît comme le cube du volume d'air extrait, dans l'unité de temps, et cela, indépendamment du travail absorbé par les frottemens, les variations brusques de vitesse de l'air, et autres causes de résistance tenant à la forme de l'appareil. Or il n'est pas plus difficile de faire un ventilateur à force centrifuge, ou tarare, qui rejette l'air dans l'atmosphère, avec une vitesse nulle, ou du moins très petite, que de construire des roues hydrauliques dont l'eau sorte avec une vitesse absolue très petite, bien que ces roues puissent tourner avec une vitesse comparativement très grande. Il suffit, en effet, de laisser le tarare entièrement découvert sur tout son contour, et de donner aux ailes mobiles fixées à l'axe la forme de surfaces cylindriques dont les génératrices soient parallèles à l'axe du tarare, et dont la base soit un arc de cercle tangent à la circonférence décrite par l'extrémité de l'aile, dans son mouvement de rotation autour de l'axe. Si l'on imprime aux ailes d'un semblable tarare un mouvement de rotation en sens inverse de la courbure des ailes, l'air aspiré par l'ouverture centrale, et rejeté à la circonférence par l'action de la force centrifuge, coulera sur les ailes courbes, et s'échappera, à leur extrémité, avec une vitesse relative dirigée en sens contraire de la vitesse de l'aile. La vitesse absolue de l'air sortant sera donc égale à la différence de la vitesse de l'aile et de la vitesse relative de l'air, à sa sortie. S'il arrivait que ces deux vitesses fussent égales, la vitesse absolue serait donc nulle ; en tout cas, elle serait moindre que la vitesse de l'extrémité des ailes.

Or, on démontre que si un tube *abc*, *fig.* 1, *Pl.* 6, ouvert par ses deux extrémités aa', cc', reçoit un mouvement de rotation uniforme autour d'un axe fixe σ, et si, pendant que ce mouvement a lieu, les deux extrémités du tube demeurent dans des masses fluides soumises à la *même pression*, il s'établira dans le tube un courant fluide, entrant par l'extrémité aa' la plus rapprochée de l'axe, et sortant par l'autre extrémité cc' ; que, de plus, si le fluide peut pénétrer dans le tube sans choquer ses parois et, sans éprouver une variation brusque de vitesse, la vitesse d'écoulement en cc' sera précisément égale à la vitesse imprimée à cet orifice, en vertu du mouvement uniforme de rotation autour de l'axe. Il suit de là que si le tube est recourbé de façon à ce que son axe s, t, i soit tangent en i, à la circonférence décrite par le point i autour de l'axe, et si la rotation a lieu en sens inverse de la courbure du tube, comme l'indique la flèche, la vitesse absolue du fluide sortant sera nulle. Il sera donc possible de déplacer l'air de la salle sans autre dépense de force motrice que celle qui est absorbée par les frottemens de l'appareil, si l'on peut mettre en communication avec l'intérieur de la salle les orifices aa' de plusieurs tubes recourbés tournant autour d'un axe fixe, dont les extrémités déboucheront dans l'atmosphère extérieure, pourvu que l'on trouve le moyen de faire entrer l'air de la salle dans les tubes mobiles, sans choc et sans variation brusque de vitesse (1). On voit aussi que la vitesse relative de l'air sortant des

(1) Ceci suppose, il est vrai, que les pressions de l'air, dans la salle et dans l'atmosphère extérieure, sont égales entre elles pour des couches situées au même niveau, ce qui n'est pas exact : par le seul fait qu'il y a circulation d'air déterminée par le jeu d'une machine aspirante, la pression dans la salle doit être moindre que la pression extérieure. Cette différence de pression dépend aussi des différences de température et de l'état hygrométrique de l'air intérieur et extérieur ; mais dans tous les cas, elle demeurera fort petite si l'on a donné de grandes dimensions aux gaînes ou conduites, et aux ouvertures par lesquelles l'air passe, dans le trajet qu'il parcourt. Nous supposons ici qu'on a satisfait à cette condition, et qu'ainsi la différence de pression est extrêmement faible.

tubes, et par conséquent le volume d'air qui sera extrait de la salle, dans l'unité de temps, seront proportionnels à la vitesse angulaire imprimée aux ailes.

Le tarare construit sur les principes que je viens de développer, et représenté par les *fig.* 2 et 3, *Pl.* 6, réalise à très peu près les conditions voulues, et permet, en conséquence, d'opérer la ventilation d'un espace fermé, avec la moindre dépense possible de force motrice. La *fig.* 2 représente la section de l'appareil par un plan perpendiculaire à l'axe de rotation, et la *fig.* 3 est une section méridienne par un plan conduit suivant l'axe, perpendiculaire au plan de la section *fig.* 2, ou suivant la ligne AB.

La *fig.* 4 montre le disque circulaire portant les ailes, vu séparément.

La *fig.* 5 est une vue de face et de profil du support monté à l'extrémité de l'arbre tournant, du côté de l'arrivée de l'air, avec les deux traverses *aa* sur lesquelles sont vissés les diaphragmes ou feuilles de tôle mince, dont la *fig.* 6 offre une élévation. Ces feuilles aboutissent au disque D, mais sans le toucher.

La *fig.* 7 est une vue de face et de profil des pièces qui fixent les ailes sur le disque DD ; pour cet effet, des boulons filetés, rivés sur le bord des ailes, passent à travers le disque contre lequel ils sont serrés par des écrous.

A, est l'axe du ventilateur en fer forgé ; il peut avoir de 27 à 30 millimètres de diamètre et être placé verticalement ou horizontalement. Dans les figures, on le suppose placé dans une position horizontale.

CC, *fig.* 3, est une plaque en bois, circulaire ou carrée, posée dans un plan perpendiculaire à l'axe de la machine, et percée d'une ouverture circulaire, dont le centre est sur l'axe, et dont le rayon $ox = 0^m.30$. A cette ouverture est adapté le conduit évasé EE, qui met le tarare en communication avec l'espace dans lequel on veut renouveler l'air, ou avec les gaînes qui communiquent directement avec cet espace.

DD est un disque circulaire en bois, cerclé en fer mince. Ce disque présente la forme d'un solide de révolution dont la *fig.* 3 représente un méridien ; il est invariablement fixé à l'axe A, et les ailes courbes du tarare y sont attachées. Son diamètre est assez grand, pour qu'il déborde les ailes de 2 ou 3 centimètres, sur tout le pourtour du tarare. Ce diamètre est, dans le tarare représenté *fig.* 2 et 3, de $1^m.24$ à $1^m.26$.

Les ailes courbes sont en tôle de fer, d'une épaisseur de 2 millimètres au plus ; elles sont au nombre de douze, toutes fixées, ainsi que je l'ai dit, au disque DD. La *fig.* 2 représente la section de ces ailes par un plan normal à l'axe du ventilateur. Voici comment on trace cette section :

Du point *o*, comme centre, on décrit les deux circonférences concentriques *bb* et *cc*. La première a un rayon de $0^m.30$; le rayon de la seconde est double ou égal à $0^m.60$. Les sections des ailes sont comprises entre ces deux circonférences ; elles doivent être tangentes à la plus grande, et rencontrer l'autre sous un angle d'un demi-droit. On satisfait à cette condition en traçant du centre *o*, et avec un rayon égal à $0^m.252$, une circonférence que l'on divise en douze parties égales, et prenant les points de division qui sont indiqués dans la *fig.* 2, par la suite des nombres 1, 2,... 12, pour centres de courbure des ailes. Chaque aile est ainsi un arc de cercle dont le rayon a $0^m.348$ de longueur ; les extrémités des ailes se trouvent sur la circonférence *c,c,* et aux extrémités des rayons respectifs qui joignent le centre *o* du ventilateur aux centres 1, 2, 3, ... 12, des ailes. La hauteur des ailes en tôle n'est pas uniforme, comme on le voit dans la section *fig.* 3. Ainsi la hauteur *hl*, à l'extrémité de l'aile, $= 0^m.224$, et la hauteur *mn*, à l'origine de l'aile, $= 0^m.15$. La face interne du disque DD est infléchie de manière à passer par les points *h, m, m', h'*. Il faut aussi que les tangentes en *h* et *h'*, à la courbe *hm, h'm'*, soient parallèles au plan CC ou perpendiculaires à l'axe, et que l'extrémité du disque qui déborde les ailes soit un anneau plan.

L'axe horizontal A est porté par une de ses extrémités sur une traverse horizontale en fer *aa*, *fig.* 5, placée suivant le diamètre horizontal de l'ouverture circulaire. Cette traverse, qui doit être amincie pour ne pas gêner l'entrée de l'air dans le ventilateur, peut être soutenue, dans son milieu, par un support vertical F appuyé sur le bord inférieur de l'ouverture circulaire. GG, *fig.* 5, sont deux feuilles de tôle mince, fixées à la traverse *aa*, et découpées de manière à venir tout près des tranches intérieures des ailes, de la face interne du disque DD, et de la surface cylindrique de l'axe A. Ces feuilles, uniquement destinées à empêcher le mouvement giratoire de l'air, et à l'obliger à pénétrer dans les canaux mobiles formés par les ailes courbes, avec une vitesse absolue dirigée dans le sens des rayons du ventilateur, ne doivent frotter contre aucune des parties mobiles de la machine, mais doivent s'en approcher le plus possible.

La seconde extrémité de l'axe A porte sur un mur, ou sur un appui convenablement établi pour la recevoir. J'ai supposé, dans la *fig.* 3, qu'elle portait sur une partie du mur du bâtiment. V est un écrou qui serre fortement le disque D contre l'embase de l'arbre A.

Le tarare doit être monté et ajusté avec beaucoup de soin. Il importe que les tranches des ailes tournées vers le plan fixe CC soient exactement contenues dans une même surface plane. Il faut que les faces internes de la plaque fixe CC et du disque mobile DD soient parfaitement unies au rabot, et que ces parties soient construites en bois bien sec, qui ne se voile pas.

Entre le disque mobile DD et le support de l'axe, en dehors du ventilateur,

6

est montée sur l'arbre A une poulie P destinée à transmettre, au moyen d'une corde sans fin, le mouvement de rotation. Le diamètre de cette poulie doit être en rapport avec le diamètre d'une roue établie ailleurs, sur laquelle passe la corde sans fin, et qui reçoit le mouvement, soit à l'aide d'une manivelle tournée par une femme ou un enfant, soit par tout autre moyen.

Le tarare construit d'après les dimensions précédentes, doit être ouvert, sur tout son pourtour, dans l'air atmosphérique, afin que l'air, qu'il rejette à sa circonférence, puisse s'écouler avec facilité. J'indiquerai plus bas les dispositions que l'on peut prendre dans ce but ; mais auparavant je dois faire remarquer que l'appareil satisfait à la double condition, 1° que la vitesse relative de l'air, à la sortie des canaux mobiles, soit à peu près opposée à la vitesse des ailes, et 2° que l'air pénètre dans les canaux mobiles sans être choqué par les ailes. D'abord il est évident que si l'on joint l'extrémité d'une aile 2, *fig.* 2, au centre 1 de l'aile précédente 1, la ligne qz sera normale à l'aile 1, et que l'orifice d'écoulement du canal courbe, formé par les deux ailes voisines, pourra être regardé comme un rectangle ayant pour base qz, et pour hauteur la hauteur hl de l'aile. La longueur qz étant égale à $0^m,052$, et la hauteur $hl = 0,224$, on voit que l'aire de l'orifice d'écoulement de l'un des canaux courbes est égale à $0,052 \times 0,224 = 0,011648$ mètre carré ; de sorte que la somme des orifices d'écoulement des douze canaux courbes est de 0,1397 mètre carré. La vitesse relative de l'air sortant du canal compris entre les ailes 1 et 2 est donc normale à qz. L'angle compris entre cette vitesse relative et la vitesse de l'extrémité de l'aile est donc égal à l'angle compris entre zq et le rayon qo, angle qu'il est facile de calculer, et qui est de 20 degrés 56 minutes. Si l'on suppose que la vitesse relative de l'air sortant soit exactement égale à la vitesse de l'extrémité de l'aile, et que l'on désigne celle-ci par V, on trouvera que la vitesse absolue de l'air sortant sera égale aux $\frac{36}{100}$ de la vitesse V ; c'est là la vitesse absolue la plus grande que prendra l'air sortant. On pourrait la réduire encore davantage en multipliant le nombre des ailes ; mais on tomberait alors dans un autre inconvénient, celui de rétrécir par trop les orifices d'écoulement, ce qui exigerait qu'on imprimât au ventilateur, pour extraire la même masse d'air, une vitesse plus grande, et compliquerait d'ailleurs la construction de l'appareil.

Secondement. Pour que l'air, à son entrée dans les canaux mobiles, ne soit pas choqué par les ailes, il est nécessaire que sa vitesse relative, lorsqu'il pénètre dans le ventilateur, soit dirigée suivant le plan tangent aux ailes sur leurs bords intérieurs. Or les diaphragmes ou feuilles de tôle GG, qui préviennent le mouvement giratoire de l'air, dans l'ouverture centrale, le forcent de s'étaler en une nappe qui se répand uniformément de tous les côtés de l'ouverture, entre le disque fixe et le disque mobile. Les vitesses des filets qui composent cette nappe doivent donc être dirigées dans le sens des rayons aboutissant à l'axe de la machine. Comme le profil des ailes coupe la circonférence *bb* sous un angle d'un demi-droit, la vitesse relative de l'air entrant, par rapport aux ailes mobiles, qui est la résultante de la vitesse absolue de l'air et d'une vitesse égale et contraire à celle des bords intérieurs des ailes, cette vitesse relative, dis-je, sera tangente aux ailes, si la vitesse absolue, dirigée suivant les rayons, est égale à la vitesse des bords intérieurs des ailes, dirigée suivant les tangentes à la circonférence *bb*, ou à la moitié de la vitesse des extrémités des ailes, puisque les rayons des bords intérieur et extérieur des ailes sont dans le rapport de 1 à 2. Il est facile de voir que cette condition sera satisfaite à très peu près, si l'aire de la surface cylindrique droite, qui a pour base la circonférence *bb*, *fig.* 2, et pour hauteur *mn*, *fig.* 3, est égale au double des aires réunies des orifices d'écoulement. En effet, nous avons dit précédemment que la vitesse avec laquelle l'air s'écoule, à l'extrémité des canaux mobiles, était égale sensiblement à la vitesse de l'extrémité des ailes. Or, lorsque le courant d'air qui traverse le ventilateur est devenu permanent, des masses d'air égales doivent sortir, dans l'unité de temps, par les orifices extrêmes des canaux mobiles, et pénétrer dans ces canaux, en traversant la surface cylindrique qui a pour base la circonférence *bb*. Les pressions de l'air, à son entrée et à sa sortie, étant toujours peu différentes, on peut prendre ici les volumes pour les masses, sans erreur sensible. Il s'ensuit que la vitesse moyenne absolue de l'air, entrant par la surface cylindrique *bb*, et la vitesse relative d'écoulement, sont entre elles dans le rapport inverse de l'aire de la surface cylindrique et des aires réunies des orifices d'écoulement. Pour que la première vitesse soit la moitié de la seconde, il faut donc que l'aire de la surface cylindrique *bb* soit double de la somme des aires des orifices d'écoulement, que nous avons trouvée être égale à $0^{m.q.},1397$. C'est ainsi que nous avons déterminé les hauteurs relatives *hl* et *mn* des ailes, à leurs deux extrémités. Nous avons d'ailleurs pris la hauteur intérieure *mn* égale à $0^{m},15$, moitié du rayon de l'ouverture centrale du disque fixe CC, afin que l'aire de la surface cylindrique d'entrée de l'air fût à peu près égale à l'aire de l'ouverture centrale. Ces détails expliquent les dimensions relatives que nous avons adoptées, et font voir de quelle manière elles devraient varier ensemble, si l'on voulait construire un ventilateur d'un diamètre différent, ou avec des ailes plus ou moins nombreuses.

Quant au volume d'air débité par le ventilateur, dans une seconde de temps, il est proportionnel, ainsi que je l'ai déjà dit, à la vitesse de rotation qu'on lui imprime, et l'on obtiendra ce volume en multipliant la somme des aires des orifices d'écoulement $0^{m.c.},1397$ par la vitesse de l'extrémité des ailes. Le rayon de la circonférence décrite par ces extrémités étant de $0^{m},60$, le développement de la circonférence est de $3^{m},77$. Ainsi la vitesse de l'extrémité des ailes, par seconde, sera égale à $3^{m},77$ multipliés par le nombre de tours de l'axe dans le même temps. A un tour par seconde, ou 60 tours par minute, correspondra donc une vitesse des ailes égale à $3^{m},77$ et un volume d'air extrait de $0^{m.\ carr.},1397 \times 3^{m},77 = 0^{m.cub.},5263$. On trouvera que, pour extraire un mètre cube d'air par seconde, le ventilateur devra faire $1^{tour},9$ par seconde, ou 114 tours par minute.

Supposons, par exemple, que l'on veuille renouveler complètement, toutes les demi-heures, l'air d'une salle qui aurait 24 mètres de long sur 9 mètres de large et 6 mèt. de hauteur, ce qui fait une capacité de $24 \times 9 \times 6 = 1296$ m. cubes. Le volume d'air à extraire par seconde serait donc égal à $\frac{1296}{1800} = 0^{m.cub.},72$. Le nombre des révolutions du ventilateur par minute sera déterminé, dans ce cas, par la proportion suivante :

Si $0^{m.\ cub.},5263$ sont extraits avec une vitesse de 60 tours par minute, $0^{m.\ cub.},72$ seront extraits avec une vitesse de x tours :

$$0,5263 : 60 :: 0,72 : x = 82,08.$$

Ainsi il faudrait faire faire au ventilateur 82 tours environ par minute.

Afin de ne pas commettre d'erreur en moins, on pourra compter, dans la pratique, sur une vitesse supérieure d'un cinquième ou même d'un quart à la vitesse calculée.

L'installation du tarare, construit ainsi que je l'ai indiqué, se fera généralement à peu de frais, et d'une manière assez simple. On peut, en effet, appliquer l'appareil contre le mur extérieur de la salle, qui serait percé d'une ouverture circulaire, d'un diamètre égal à celui de l'ouverture du disque ou plaque fixe CC, laquelle serait appliquée directement sur le mur. La machine serait enfermée dans une cabane légèrement construite, soutenue sur des traverses en bois, prises dans le mur et saillantes au dehors, sur une longueur de 3 pieds environ. La cabane aurait deux ouvertures latérales, longues et étroites, placées en face du ventilateur, et que l'on pourrait fermer à volonté par des volets. Son toit, dans la partie supérieure au ventilateur, aurait également une ouverture longitudinale, qui se fermerait à volonté par un châssis à tabatière, ou toute autre disposition analogue. Le plancher serait supprimé au dessous du ventilateur; l'axe en fer serait supporté, à sa deuxième extrémité, par un chevalet en bois, solidement fixé sur les solives, près du disque mobile, à une distance seulement suffisante pour que l'on puisse monter la poulie P entre ce disque et le chevalet. Quand le temps serait calme, on ouvrirait les volets longitudinaux et celui de la toiture, de sorte que le tarare serait entièrement découvert sur tout son contour. S'il faisait du vent, on fermerait le volet du côté du vent, en laissant ouvert le volet du côté opposé et celui du toit. En cas de pluie, on fermerait celui-ci, ainsi qu'un des volets latéraux, si la pluie est accompagnée de vent. Les volets peuvent être disposés de manière à se fermer et s'ouvrir extérieurement, et sans monter dans la cabane du ventilateur, au moyen de cordons convenablement disposés. La corde sans fin qui enveloppe la poulie P descendrait verticalement à travers le plancher à claire-voie de la cabane, et irait passer sur la roue établie sur le sol inférieur. Le tarare sera placé à la partie supérieure du bâtiment à la hauteur du grenier, si l'on veut que l'air extérieur traverse la salle de bas en haut. Il serait, au contraire, établi en bas et au dessous du plancher, si l'on voulait introduire l'air extérieur par le haut, et ventiler la salle par un courant descendant. Voici la disposition que j'ai adoptée pour la magnanerie des Bergeries de Senart, où M. *Camille Beauvais* a voulu remplacer l'ancien tarare par un autre exigeant une moindre dépense de force motrice.

La magnanerie des Bergeries est disposée conformément aux plans de M. *d'Arcet;* l'air échauffé par le calorifère entre dans quatre gaînes longitudinales établies sous le plancher inférieur, pénètre dans la magnanerie par des trous pratiqués à ce plancher au dessus des gaînes, monte dans la salle et traverse le plancher supérieur par des trous qui le conduisent dans une gaîne unique que l'on mettait en communication, soit avec la cheminée d'appel, soit avec un tarare, qui rejetait l'air aspiré, dans la cheminée d'appel.

On a laissé subsister les mêmes dispositions, et l'on a établi le nouveau tarare sur l'emplacement de l'autre. Près de l'extrémité de la gaîne voisine de la cheminée d'appel, on a établi une large communication avec l'ouverture centrale du disque fixe, au moyen d'un canal recourbé placé directement au dessus du bout par lequel la gaîne débouche dans la cheminée d'appel. Des tirettes convenablement disposées serviront à boucher à volonté les communications allant à la cheminée d'appel et au tarare, dont une seule devra être libre à la fois. Le tarare sera établi dans une espèce de mansarde partant du grenier et allant s'appuyer sur le mur de pignon contre lequel est plaquée la cheminée d'appel, mur qu'on élevera à la hauteur convenable pour cela. L'axe reposera, d'un côté, sur la traverse de l'ouverture centrale, de l'autre sur le mur de pignon exhaussé. La mansarde dont je parle aura deux ouvertures longues et étroites sur les côtés et une ouverture sur le toit ; toutes ces ouvertures pourront être fermées à volonté. Le tarare, dans les temps calmes, sera ainsi dégagé sur trois côtés : la disposition des localités ne permettait pas de le dégager en bas. La poulie P sera placée entre le disque mobile et le mur, dont le disque sera très rapproché. La corde sans fin qui entoure cette poulie descendra verticalement le long de la paroi intérieure du mur de la magnanerie, traversera les deux planchers supérieur et inférieur, et passera sur une roue établie au rez-de-chaussée, où l'on a l'intention de placer un manége qui doit remplir une autre destination, et dont on se servira accidententellement pour imprimer le mouvement au tarare.

Ce qui précède suffira, je pense, pour montrer comment le nouvel appareil peut être établi partout et mis en relation d'une manière simple, soit avec les gaînes des magnaneries salubres de M. *d'Arcet*, soit avec l'espace compris entre un double plancher constituant une grande gaîne unique. On n'oubliera pas que l'air aspiré par le tarare doit toujours être rejeté dans l'air, et jamais dans la cheminée d'appel; qu'à cet effet le contour extérieur du tarare doit être entièrement libre, et que si on l'établit dans un espace couvert d'un toit et fermé latéralement, pour l'abriter contre la pluie et les vents accidentels, il faut que les parois de cet espace soient partout assez éloignées de la périphérie du ventilateur et percées d'ouvertures longues et étroites vis à vis du tarare, garnies de volets pouvant se fermer à volonté et qu'on laissera toujours entièrement ouverts par un temps calme.

Il suffira maintenant d'ajouter peu de mots sur les moyens de donner le mouvement au tarare. Cela sera fait généralement par une corde sans fin passant sur la poulie P montée sur l'axe du tarare, et sur la circonférence d'une roue semblable à une roue de tour. Nous avons vu que le tarare représenté *fig.* 2 et 3 devrait faire 114 tours pour extraire un mètre cube d'air par seconde, et que la vitesse absolue de l'air sortant serait alors à peu près égale aux $\frac{36}{100}$ de la vitesse de l'extrémité des ailes. Ceci va nous donner une idée de la force nécessaire pour le mouvoir. 1 mètre cube d'air sec à 0° et sous la pression de $0^m,76$ de mercure pèse $1^k,3$. A la température de 20 degrés centigrades, qui est celle de l'intérieur des magnaneries, 1 mètre cube d'air sec, sous la pression de $0^m,76$ de mercure, pesera seulement $1^k,21$; l'air des magnaneries pèse encore moins, à cause de la vapeur d'eau qu'il renferme; nous adopterons toutefois ce nombre. La demi-force vive de l'air atmosphérique lancé par le ventilateur, dans l'hypothèse du déplacement d'un mètre cube par seconde, sera donc exprimée par $\frac{1^k,21}{2 \times 9,81} \times (0,36\ V.)^2$, V désignant la vitesse de l'extrémité des ailes, qui est ici égale à $7^m,163$. En effectuant les calculs numériques, on trouve que cette demi-force vive exige un travail de $0^k,411$ élevé à 1 mètre dans une seconde de temps; ce n'est pas la cent-cinquantième partie de ce que l'on appelle la force d'un cheval-vapeur, ou la douzième partie du travail développé par un homme agissant sur une manivelle, d'après l'estimation de M. *Navier*. Qu'on quintuple, si l'on veut, l'expression trouvée, pour avoir égard aux résistances passives, on n'arrivera pas encore à la moitié du travail moteur développé par un homme agissant sur une manivelle; il ne me paraît donc pas douteux que le tarare, installé d'après les principes posés dans cette notice, pourrait être mu par un enfant appliqué à la manivelle de la roue, ou peut-être même par un chien placé dans un tambour; j'ai souvent vu ces animaux employés ainsi, dans nos départemens méridionaux, à tourner la broche.

Au surplus, le meilleur moyen me paraît être d'employer, pour faire tourner le tarare, l'action d'un poids que l'on remonterait de temps en temps. Cela nécessitera, il est vrai, la construction d'un appareil qui pourra occasioner quelque dépense; mais on en sera amplement dédommagé par la certitude d'une marche parfaitement régulière de l'appareil ventilateur, dont on pourra d'ailleurs faire varier la vitesse à volonté, en augmentant ou diminuant le poids moteur. Voici comment les choses peuvent être disposées. Supposons que la force motrice nécessaire pour mouvoir l'appareil avec une vitesse de cent quatorze tours à la minute, que nous admettons comme suffisante pour la ventilation la plus active dont on ait besoin, soit égale, y compris l'effet des frottemens, à 2 kilogr. tombant d'un mètre dans une seconde de temps. On pourra produire cette force au moyen d'un poids de 200 kilogr. descendant d'un centimètre dans une seconde, et parcourant par conséquent 9 mètres dans un quart d'heure, ou 900 secondes. Or, il sera presque toujours possible de se procurer un point fixe, à une hauteur d'environ 10 mètres au dessus du sol, auquel on puisse accrocher la chape d'un système de poulies mouflées, capable de supporter un poids de 200 kilogr. Supposons que les cordons des moufles soient au nombre de huit, et que le cordon qui aura passé sur la moufle aille s'enrouler sur l'arbre d'un treuil ayant $0^m,24$ de diamètre. La circonférence du treuil devra tourner avec une vitesse de 8 centimètres par seconde, et, par conséquent, fera $6^{tours},536$ par minute. Le rapport de 114 à 6,536 étant de 17,44, il suffira que l'axe du ventilateur fasse 17,44 tours, pour un tour de l'arbre du treuil. Pour obtenir ce rapport de vitesse, on pourra monter sur l'arbre du treuil une roue d'engrenage de 12 pouces ($0^m,324$) de diamètre, qui menera un pignon de 3 pouces ($0^m,081$) fixé sur un arbre parallèle à celui du treuil, et placé dans le même châssis. L'arbre du pignon fera ainsi quatre tours pour un tour du treuil. L'arbre de ce pignon, prolongé en dehors du châssis, portera une tige transversale qui communiquera le mouvement de rotation à la roue inférieure sur laquelle passera la corde sans fin, qui embrassera aussi la poulie montée sur l'axe du ventilateur. Les diamètres du tour et de la poulie devront alors être entre eux dans le rapport de $\frac{17,44}{4}$ à 1, ou 4,36 à 1. Ainsi, en donnant 8 pouces ($0^{m},216$) de diamètre à la poulie fixée sur l'axe du ventilateur, le diamètre de la roue devra être de $4,36 \times 8 = 34^{pouces},88$, soit 36 pouces ou 3 pieds. Pour remonter le poids descendu à terre, il faudrait chaque fois enrouler sur le treuil $8 \times 9 = 72$ mètres de corde, ce qui exigerait environ 96 tours de treuil, qu'un ouvrier peut faire en deux minutes; car l'effort sur la circonférence du treuil, à l'extrémité d'un bras de levier de $0^{m},12$ seulement, se réduirait à 25 kilogr. ou à 8 kilogr. environ agissant à l'extrémité d'un bras de levier de $0^{m},36$, ce qui est un rayon commode pour une manivelle qu'on adapterait à l'axe du treuil.

Si, dans les hypothèses précédemment admises, on voulait porter le poids moteur à 400 kilogr. au lieu de 200 kilogr., on pourrait réduire le diamètre du treuil à $0^{m},12$, au lieu de $0^{m},24$. Le poids moteur ne descendrait que de $\frac{1}{2}$ centimètre par seconde, et le poids n'aurait besoin d'être remonté qu'une fois toutes les demi-heures. Il faudrait alors 192 tours du treuil pour remonter le poids, et environ 4 minutes de temps. Pour qu'une corde de 3 lignes de diamètre s'enroulât sur le treuil, sans s'envider sur elle-même, il faudrait donner à l'arbre du treuil plus de 48 pouces de longueur; mais on peut ne lui donner que 2 pieds, en faisant enrouler la corde une fois sur elle-même, ce qui ne présentera pas d'inconvénient. Quand on aurait besoin d'une ventilation moins active, on diminuerait le poids moteur qui descendrait alors plus lentement, et le poids devrait être remonté moins fréquemment.

Au surplus, je ne saurais à défaut d'expériences spéciales, indiquer exactement la quotité du poids nécessaire pour imprimer au ventilateur une vitesse déterminée. Cela variera d'ailleurs un peu, avec la forme des gaînes, surtout leur grandeur, et le mode de distribution intérieure de l'air que l'on aura adopté. On ne doit donc pas attacher d'importance au chiffre exprimant le poids moteur qui devra varier avec les localités, et qu'il sera facile de déterminer dans chaque cas, par quelques essais. Je n'ai pris un chiffre que pour faire concevoir plus clairement ma pensée. Quant aux dimensions respectives de la poulie et de la roue sur lesquelles passe la corde sans fin, ainsi que du treuil, de la roue d'engrenage et du pignon, on pourra, sans inconvénient, je pense, adopter celles que j'ai prises dans l'exemple détaillé ci-dessus.

Rapport présenté à M. le Ministre des travaux publics, de l'agriculture et du commerce, par M. Henri Bourdon; *suivi de considérations générales sur la ventilation forcée, par M.* d'Arcet.

Monsieur le Ministre,

Les efforts tentés depuis quelques années pour étendre et perfectionner l'industrie de la soie ont particulièrement fixé l'attention du gouvernement. Vous avez cru devoir encourager la propagation des méthodes nouvelles appliquées avec succès à l'éducation des vers à soie.

Ce témoignage actif d'intérêt, donné par l'Administration, a déjà produit les plus heureux effets.

De toutes parts les éducateurs ont redoublé d'efforts pour s'associer aux améliorations dont ils sentaient depuis longtemps le besoin; des propriétaires restés jusqu'alors étrangers aux détails de l'éducation ont mis eux-mêmes la main à l'œuvre, et, pour instruire leurs fermiers, se sont dévoués à des soins qu'ils leur avaient toujours abandonnés. D'un autre côté, tandis que M. *Peltzer*, élève de M. *Camille Beauvais*, envoyé sous vos auspices dans le département de Vaucluse, dirigeait une éducation-modèle, la Société d'agriculture de la Drôme, voulant fonder son jugement sur ses propres expériences, disposait aussi des ateliers-modèles, et s'y livrait publiquement à des essais indiqués par la pratique et la science.

Les résultats satisfaisans de ces travaux, entrepris sous l'influence de climats différens et dans diverses parties du midi de la France, permettent d'espérer que les chances incertaines d'une éducation inégale seront désormais remplacées par les produits assurés d'une éducatiou régulière.

Pour justifier cette attente, je vais commencer par comparer, autant que possible, sous le rapport des succès obtenus, les magnaneries auxquelles les procédés nouveaux ont été appliqués en tout ou en partie, avec celles que l'on a dirigées d'après les usages ordinaires; puis je tâcherai de montrer que ces procédés peuvent être rendus applicables aux petits comme aux grands établissemens.

Je dois citer d'abord les deux magnaneries-modèles des départemens de la Drôme et de Vaucluse.

Dans la première, établie à Faventines, près de Valence, la belle race blanche *sina*, offerte à la Société d'agriculture par M. *C. Beauvais*, a fourni un produit de 78 kilogrammes de cocons pour 1,000 kilogrammes de feuilles; deux races jaunes, l'une du Piémont et l'autre de la Mastre (Ardèche), ont donné 75 et 72 kilogrammes de cocons.

Dans la seconde, placée chez M. le marquis *de Balincourt*, près de la Palud (Vaucluse), sur les bords du Rhône, c'est à dire dans une localité où la feuille du mûrier est très aqueuse et fort peu nutritive, M. *Peltzer* a obtenu, pour 1,000 kilogrammes de feuilles, 60 kilogrammes de cocons, en opérant sur de la graine de *sina*, qui avait été récoltée par les soins de M. *Aubert*, dans le domaine royal de Neuilly, et que le roi, dans sa sollicitude éclairée pour l'industrie, avait bien voulu mettre à la disposition de M. *de Balincourt*. De la graine du pays éclose dans le même atelier a éprouvé des accidens qui ne permettent pas d'établir de comparaison. Les grangers de ce propriétaire n'ont obtenu que 20 à 25 kilogrammes de cocons pour 1,000 kilogrammes de feuilles.

Des produits semblables, sauf les variations dues aux qualités des feuilles, ont été obtenus par la plupart des éducateurs expérimentés, qui ont joint à une pratique éclairée la bienfaisante influence d'une température parfaitement uniforme et d'un constant renouvellement d'air.

Ainsi, M. *Thannaron*, membre de la Société d'agriculure de la Drôme, a récolté 75 kilogrammes de cocons pour 1,000 kilogrammes de feuilles, dans son domaine de Lorient, près de Valence.

M. *Eugène Robert*, à Sainte-Tulle, près de Manosque (Basses-Alpes) (quoiqu'il ait fait usage de l'atelier ventilé seulement à la sortie du deuxième sommeil; que, dans cet atelier, les vers aient été, comme il le dit lui-même, *campés sur des claies improvisées*, et qu'il n'ait pas encore eu de filets à sa disposition), a néanmoins obtenu le résultat suivant : 8 onces de graines de vers à soie, ayant consommé 8,050 kilogrammes de feuilles, ont donné 416 kilogrammes de cocons d'excellente qualité. Sur ces 8 onces, 3 onces étaient de la graine du pays et 5 de la graine de Milan. Des 3 onces de graine du pays, on a retiré 168 kilogrammes de cocons, c'est à dire 56 kilogrammes environ par once de graine; les 5 onces de graine de Milan ont produit 248 kilogr. de cocons, ou à peu près 50 kilogrammes par once.

En rendant compte de ces résultats, M. *Robert* ajoute que la moyenne des éducations faites par ses fermiers a été de 28 kilogrammes par once; et il termine en disant :

« Quiconque aurait vu ma magnanerie et tous ses agrès dans leur état actuel » pourrait, d'après les résultats qui viennent d'être énoncés, se faire une idée » de ceux que je dois espérer, — 1° avec une magnanerie salubre, bien et définitivement conditionnée; — 2° avec des claies régulièrement établies; 3° avec » l'usage des filets et l'application de tous les soins rationnels recommandés » par M. *C. Beauvais*. Il conclurait hardiment que l'importation de l'appareil ventilateur dans le midi de la France et l'application des méthodes qu'on » cherche à propager sont destinées à doubler au moins les produits de la culture du mûrier. »

M. *Louis Mazade* fils, à Anduze (Gard), opérant sur une chambrée de 12 onces, a obtenu 605 kilogrammes de bons cocons, pour lesquels 9,103 kilogrammes de feuilles ont été consommés; c'est à dire dans la proportion de 67 kilogrammes de cocons pour 1,000 kilogrammes de feuilles. Le même poids de feuilles lui a rapporté seulement 40 kilogrammes de cocons dans ses autres chambrées, qu'il surveille aussi lui-même, mais qui n'ont pas joui des avantages de ventilation et de la température artificielle, et n'ont point été soumises aux méthodes d'alimentation fréquente, de classement, et d'égalité parfaite (1).

M. *Souvion de Saillans*, membre du conseil général de la Drôme, m'écrivait :

« Bien que notre réussite ne soit pas complète (car nous avons eu quelques » muscardins), nous avons obtenu, dans les trois ateliers ventilés que vous » êtes venu visiter, une récolte comme nous n'en avions jamais eu; nous devons » bien avouer cependant que, pour ce premier essai, nous avons commis, dans » le cours de l'éducation, quelques fautes graves. C'est dans le grand atelier, » celui où se trouve le ventilateur mu par eau (2), que nous avons eu le plus » de vers mauvais; mais dans cet atelier, où nous avons élevé des vers depuis » dix ans, nous n'avions jamais rien obtenu : et, cette année, nous ne devons » attribuer notre réussite qu'à la ventilation, à la régularité et à la fréquence » des repas sous une température uniforme de 20 à 22 degrés.

» Plusieurs de nos voisins, qui ont suivi la méthode de *Dandolo*, ont très » bien réussi : leur succès ne m'a point surpris; car je pense qu'en la suivant » avec intelligence on peut également réussir; mais la ventilation et le calorifère seront toujours plus avantageux sous tous les rapports, et on sera bien » plus assuré du succès, surtout dans les années pluvieuses et d'une température variée. »

Enfin un succès remarquable est celui qu'a obtenu M. *Planel*, vice-président du tribunal de Valence et membre de la Société d'agriculture. Depuis longues années, ses chambrées étaient presque entièrement détruites par la muscardine, et cette fois il est parvenu à les préserver de ce fléau : une chambrée de 6 onces lui a fourni 350 kilogrammes de cocons. En outre, ayant

---

(1) Le Comice agricole d'Alais vient de décerner une médaille à M. *Mazade*, en lui votant des remercîmens pour l'exemple qu'il a donné dans son arrondissement.

(2) Dans cet atelier, comme le tarare devait fonctionner d'une manière continue, on avait cru pouvoir se dispenser de la cheminée d'appel. Cette suppression de l'un des moyens de ventilation a présenté de graves inconvéniens.

été obligé, faute de place, de transporter dans un local non ventilé une portion de ses vers parvenus à la moitié du cinquième âge, M. *Planel* a reconnu que les cocons faits dans ce local étaient moins bons que ceux de l'atelier *d'Arcet*, et qu'il en fallait vingt de plus à la livre.

De tels résultats sont bien rassurans pour l'avenir de notre industrie. Reste maintenant à examiner les moyens mis en œuvre.

Ces moyens sont de deux sortes bien distinctes : les uns forment la base de toute éducation, et ne peuvent différer entre eux que par une application plus ou moins bien raisonnée ; les autres, puissans auxiliaires des premiers, consistent en appareils physiques et mécaniques destinés à faciliter leur emploi et à en assurer l'effet.

Dans la première classe se trouvent compris les dispositions du local et les détails du service.

L'ameublement de la magnanerie est un point fort essentiel, sur lequel on doit insister.

Par exemple, la trop grande largeur des tables sur lesquelles reposent les vers nuit infailliblement à l'égale distribution des repas (1) ; les échelles, dites de *meunier*, qu'on appuie contre les montans, la disposition de ces montans, rendent les manœuvres pénibles ; le trop petit espacement des tables en hauteur, les passages étroits ont le même inconvénient, et ont, en outre, celui de gêner la circulation de l'air ; la planche en bois, adoptée pour former les tables dans toutes les parties du midi où le roseau ne croît pas en abondance, offre le danger de l'humidité stagnante.

A ce sujet, je crois devoir parler d'un système de tables que j'ai vu en usage à Étoile, près de Valence, par son inventeur, M. *Delubacq*, membre de la Société d'agriculture de la Drôme. Dans ce système, les tables sont en ficelles assemblées et croisées au moyen de pointes fixées à un cadre en bois ; et elles reposent sur de simples traverses aussi en bois ou en fortes cannes, lesquelles sont maintenues dans des nœuds de cordes disposées à l'instar des cordages de vaisseau. Je n'ai point été à même d'éprouver ce procédé dans ses détails ; mais il m'a paru fort ingénieux et au moins digne de fixer l'attention des éducateurs, surtout s'il a réellement, comme on le dit, le mérite de l'économie. L'auteur a pris un brevet d'invention.

Viennent ensuite les soins qui constituent le système d'éducation rationnelle,

---

(1) Dans beaucoup de localités, les tables ont deux mètres de largeur ; une largeur d'un mètre quarante centimètres est regardée comme la plus convenable, et même il paraît à propos de diviser cette largeur en deux parties, au moyen d'un liteau intermédiaire.

dont les Chinois nous offrent un modèle si parfait; système dont les applications modifiées et mises en rapport avec les ressources de l'industrie doivent garantir le magnanier des graves et nombreux accidens causés par la rareté des délitemens, l'irrégularité, l'insuffisance des repas, et le défaut d'harmonie entre l'alimentation et la température.

Les effets de cette harmonie, dont M. *C. Beauvais* a su faire ressortir l'influence, ont été rendus sensibles dans les deux éducations-modèles des départemens de la Drôme et de Vaucluse. Dirigées d'après les mêmes principes et dans des circonstances semblables pour l'intérieur de l'atelier, quoique dans des climats différens, elles ont marché avec similitude parfaite; chaque âge a eu exactement la même durée, savoir : *cinq* jours pour le premier, y compris les trente-six heures de sommeil; *trois* pour le second, *cinq* pour le troisième, *cinq* pour le quatrième et *six* pour le cinquième. La température, pendant toute la durée de l'éducation, a été maintenue autant que possible entre 20 et 21 degrés; l'hygromètre a varié généralement de 70 à 85 degrés; on a donné douze repas dans le premier et dans le second âge, huit au troisième et au quatrième, et six dans le cinquième âge.

M. *Mazade* a donné douze repas dans le premier âge, huit dans les trois suivans et six au cinquième âge; la température a été maintenue entre 18 et 20 degrés, l'hygromètre variant de 65 à 85 degrés; l'éducation a duré trente et un jours. La main-d'œuvre intérieure, employée pour récolter les 605 kilogrammes de cocons, s'est composée en *totalité* de cent onze journées d'ouvriers (quarante-six journées d'hommes et soixante-cinq journées de femmes).

On peut apprécier, par la comparaison des exemples qui viennent d'être cités, l'influence de la température combinée avec le nombre des repas, sur la durée de l'éducation. Les éducations hâtives, bien que considérées comme favorables sous beaucoup de rapports, sont généralement repoussées comme donnant des cocons faibles et peu fournis. Mais ne peut-on pas penser qu'il doit en être autrement sous le régime d'une alimentation fréquente et régulière, d'un constant renouvellement d'air et d'une température douce, uniforme et légèrement humide?

Il est vrai que, dans cet ordre d'idées, les soins, les attentions doivent être multipliés; que les délitemens fréquens deviennent d'une nécessité absolue; que la moindre négligence dans la distribution des repas ne peut manquer d'être funeste; mais aussi la durée des peines, des fatigues, de la sollicitude du magnanier est bien abrégée; les chances atmosphériques sont diminuées; les besoins de moyens réfrigérans, toujours plus difficiles dans leur application que les moyens de chauffage, se font moins sentir; dans les saisons tardives, surtout, la fin de l'éducation peut devancer le temps des touffes et des grandes chaleurs ; enfin l'arbre, plus tôt dépouillé de ses feuilles, n'a point à souffrir d'une opération retardée. Toutefois la main-d'œuvre dont on peut disposer doit être prise en considération ; car on ne saurait se dissimuler les dangers d'une haute température, lorsque l'alimentation ne répond pas à la surexcitation du tube intestinal de l'insecte, surtout à l'époque où il semble se hâter de vivre et d'accumuler dans ses réservoirs tous les élémens de son travail. Mais devons-nous reculer devant l'épreuve, quand on nous apprend que, *chez les Chinois, suivant que l'éducation dure vingt-quatre ou vingt-huit ou quarante jours, la quantité de soie recueillie varie dans les proportions de* 25, 20 *et* 10 *onces.*

Quoi qu'il en soit, c'est en adoptant l'alimentation fréquente, les délitemens réguliers, en suivant un système d'éducation fondé sur des soins de toute nature, sur une surveillance intelligente, active et continue, que M. *Bleizac*, président de la Société d'agriculture de la Drôme, MM. *d'Arbalestier*, *Mitifiot*, membres de la même Société, M. *de Montferret* à Barjac, ont, dans des magnaneries disposées d'après la méthode de *Dandolo*, obtenu des résultats bien supérieurs aux résultats moyens du pays. Il en a été de même à Faventines, dans un des ateliers-modèles auquel on n'avait pas appliqué l'appareil de ventilation.

Aux soins intérieurs se rapporte encore l'usage du filet, instrument simple et ingénieux, si longtemps méconnu en France, condamné par l'abbé *Sauvage* lui-même, comme *un attirail embarrassant et de manœuvre longue et pénible*, mais qui n'avait point échappé à la sagacité des Chinois, et qui, d'abord appliqué dans toute sa simplicité par le directeur de la ferme-modèle des Bergeries de Senart, s'est, pour ainsi dire, multiplié entre ses mains, pour servir au délitement, au dédoublement, au classement des vers et à toutes les comparaisons possibles de ces opérations importantes.

C'est en ayant recours à l'emploi du filet qu'à Faventines, à la Palud, à Aubenas, chez MM. *Bernardy*, *Henri Martin*, *Chauvin*, à Crest chez MM. *Arnaud* et *Latune*, on a trouvé moyen de déliter tous les jours. M. *Thannaron* et M. *Planel*, n'ayant point encore de filets à leur disposition, les ont remplacés par des cartons percés à l'emporte-pièce, qui, bien que beaucoup moins commodes que les filets, ont singulièrement facilité les délitemens.

Voici ce que Mlle *Vincent*, de Saint-Donat, près de Valence, dit au sujet des filets dans son rapport à la Société d'agriculture de la Drôme, qui lui avait confié la direction de l'éducation-modèle :

« Les délitemens se sont opérés de la manière la plus prompte et la plus » facile, et comme par enchantement, grâce aux filets dont nous nous

» sommes servis depuis le premier âge jusqu'à la montée. A l'aide de ces filets, nous avons parfaitement réussi à éclaircir et à dédoubler les vers. C'est » presque toujours au moment du sommeil que nous avons fait l'opération du » dédoublement, c'est à dire lorsque la moitié des vers sont endormis : cette » méthode a l'avantage de donner de l'aisance aux vers pendant la crise pénible de la mue, de hâter même cette crise pour ceux qu'on place sur une » couche neuve, et, par suite, de contribuer puissamment à déterminer » l'égalité.

» L'utilité des filets a été certainement appréciée par toutes les personnes » qui les ont vus en activité : par ce procédé, on délite dix fois plus vite que » par le moyen dont nous nous servons dans le midi; j'en ai fait moi-même » l'expérience en faisant exécuter les deux opérations comparativement. Outre » l'avantage d'abréger considérablement le temps que l'on emploie à ce travail dégoûtant dans les magnaneries ordinaires, un des plus précieux est » sans contredit de pouvoir éviter les maladies contagieuses. Il est évident, en » effet, que si l'on délite tous les jours avec le filet, on laisse sur la litière » tous les vers morts et même ceux qui sont trop faibles pour monter; on est » donc certain d'avoir relevé seulement des vers sains, qui, placés à l'abri du » contact des vers malades, seront garantis des maladies pestilentielles qui » détruisent si souvent des chambrées entières. »

D'après tout ce qui vient d'être dit, on voit clairement que, dans tous les cas, dans toutes les localités, la première classe des moyens de succès est entièrement à la disposition de l'éducateur.

Quant à la seconde classe de moyens, c'est à dire à l'appareil dont l'objet est le chauffage régulier et le renouvellement constant de l'air de la magnanerie, opérations reconnues essentielles et qui sont, en général, très imparfaitement conduites, soit à cause du mauvais arrangement des ateliers, soit à cause de l'insuffisance des moyens employés, il suffit d'en étudier les divers élémens et d'en bien comprendre l'action pour se convaincre que, si cet appareil a d'abord été créé pour les grands établissemens, il est susceptible d'une foule de modifications qui le mettent à la portée des petites chambrées et le rendent applicable dans ses principes, sinon à toutes, du moins à presque toutes les localités : c'est, du reste, un fait démontré par les nombreuses épreuves faites cette année. On doit, en effet, penser que, dans les sept départemens méridionaux où l'appareil de M. *d'Arcet* a été appliqué, les bâtimens ont dû présenter une foule de particularités qui ont nécessité des dispositions spéciales à chacun d'eux.

Ainsi, M. *Thannaron*, aux environs de Valence, a placé en dehors, à l'extrémité du bâtiment, la chambre chaude, dont il a eu soin de voûter la partie supérieure ; cette modification, nécessitée par le local, est même une amélioration à recommander.

Le général *Blancart*, à Loriol, ne pouvant disposer que d'un hangar placé au rez-de-chaussée, a creusé sous ce hangar, à l'une des extrémités, un petit souterrain, dont une portion a été prise pour chambre chaude, et l'autre, bien séparée de la première, sert de réservoir d'air frais.

Chez M. *Mazade*, la chambre chaude est située en dehors et sous un hangar, à l'un des angles du bâtiment contre lequel est adossée la cheminée; on a percé dans le haut de cette chambre une seule ouverture communiquant avec un coffre transversal, qui est chargé de distribuer l'air dans deux gaînes longitudinales; *ce coffre a une section transversale égale à la somme des sections des deux gaînes;* la gaîne la plus rapprochée de la source d'air est munie d'un registre qui sert à régulariser le tirage. Une disposition symétrique est adoptée pour la sortie de l'air par la partie supérieure de la magnanerie. La cheminée a extérieurement une forme cylindrique ; mais l'intérieur n'a point les mêmes dimensions dans toute sa hauteur. Les sections horizontales, qui d'abord sont des segmens de cercle, croissent à des intervalles inégaux, et elles n'acquièrent la forme complètement circulaire qu'à une petite distance de l'embouchure des gaînes supérieures; de plus, une murette est disposée en avant de l'ouverture du tarare, dans le but d'empêcher les rencontres perpendiculaires des courans d'air.

M. *Hucq*, à Montpellier, a été forcé de placer la cheminée de ventilation dans l'intérieur de l'atelier ; mais il a eu la précaution de l'environner d'une enveloppe en bois, afin de parer à l'inconvénient du rayonnement.

M. *Robert*, M. *Latune*, M. *Boissieu*, près de Valence, et M. *Berlié*, à Cruas (Ardèche), ne voulant pas faire un plafond dans leur atelier, ont fait suivre aux gaînes supérieures destinées à emporter l'air vicié la direction de la toiture; *il est entendu que le toit est hermétiquement fermé.*

M. *Fabry* à Pierrelatte, et M. *Souvion* à Saillans, ont fait participer à la même ventilation deux ateliers placés en sens opposé par rapport à la cheminée d'appel.

Enfin, M. *Fargier*, près de la Palud (Vaucluse), après avoir soigneusement étudié toutes les parties de l'appareil établi dans la magnanerie-modèle de M. *de Balincourt*, l'a réduit à sa plus simple expression, pour l'appliquer à une écurie transformée en logement de vers à soie pendant le temps de l'éducation : il s'est contenté de creuser dans le sol, et sur toute la longueur de la pièce, deux fossés qui, recouverts d'une planche bien lutée avec de l'argile, ont servi de conduits d'air chaud ou froid ; il a pris pour cheminée d'appel une cheminée assez vaste, foyer principal de la maison, et bouchée momentanément par sa partie inférieure. Une petite pièce voisine de l'atelier, et sur le même niveau, a été mise à profit comme chambre d'air. Ces dispositions, prises pour une chambrée de 3 onces, ont coûté 80 francs.

Il est inutile de dire que la position donnée à la chambre d'air est tout à fait désavantageuse, et qu'elle ne doit être adoptée qu'en cas d'impossibilité complète de faire autrement; encore devrait-elle être absolument rejetée pour un établissement un peu considérable. Les notions les plus élémentaires de physique suffisent pour faire apprécier la puissance de ventilation dont on se prive, quand on ne profite pas de la force ascensionnelle de l'air.

Les détails dans lesquels je viens d'entrer me paraissent de nature à démontrer la possibilité de mettre à la portée de tous la seconde classe de moyens de succès, c'est à dire les procédés appliqués à l'assainissement des magnaneries, et les résultats qui ont été signalés en attestent l'heureuse influence.

Cependant, tout en reconnaissant que ces procédés, bien supérieurs à ceux qui avaient été jusqu'alors mis en œuvre, sont les seuls capables d'assurer, particulièrement dans les grandes chambrées, une égale et facile distribution d'air et de chaleur, quelques éducateurs ont reproché à l'appareil de manquer encore de puissance lorsqu'il s'agit de triompher de ces terribles accidents atmosphériques qu'on appelle *touffes*.

Ainsi, à Pierrelatte, MM. *Fabry* et *Téoulé*, se trouvant dans l'impossibilité de combattre l'excessive chaleur combinée avec une extrême humidité, ont été réduits à ouvrir des trappes, et à faire des percées dans le plancher supérieur.

« Jusqu'à la sortie de la quatrième mue, » m'écrivait M. *Fabry*, « nos vers, dont » vous avez admiré la régularité au troisième âge, avaient été superbes; mais » alors la chaleur devint beaucoup plus forte, et je remarquai quelques *gras* : » cependant tout allait bien, lorsque les chaleurs étouffantes des 16, 17, 18 » et 19 juin vinrent répandre l'alarme dans nos chambrées. Croyant reconnaître, dans ces conjonctures difficiles, l'insuffisance de l'appareil *d'Arcet*, » je me décidai à tout ouvrir, à arroser copieusement le pavé de la magnanerie; » et immédiatement on se sentit plus à l'aise. Avant que j'eusse ouvert et » arrosé, l'hygromètre marquait l'extrême humidité, et les croisées le matin » ruisselaient d'eau, tandis qu'après l'arrosement et l'ouverture des soupiraux, » l'hygromètre descendit à la sécheresse, et les croisées ne présentèrent plus » de traces d'humidité. La même chose est arrivée chez M. *Téoulé*, qui s'est » fort bien trouvé de répandre dans son atelier une assez grande quantité de » chaux. »

M. *Fournery*, à Viviers (Ardèche), et M. *Auguste Bonnet*, à Apt (Vaucluse), m'ont tenu un langage semblable : « Du reste, » ont-ils ajouté, « il

» s'en faut que nous soyons découragés par la difficulté d'un premier essai ; » nous n'oublions pas que l'éducation, retardée d'un mois, a été faite cette » année dans les circonstances les plus défavorables possible, et nous ne pou- » vons pas nous empêcher de reconnaître et de proclamer les immenses avan- » tages de cet appareil qui, jusqu'au temps des touffes, nous a épargné toutes » ces craintes, ces incertitudes inséparables du système de *Dandolo* lui-même; » nous a procuré une température parfaitement uniforme, une douce circu- » lation d'air, *sans courans ;* nous a dispensés de ces fumigations qui, bien » que nécessaires pour détruire les miasmes développés dans les magnaneries » ordinaires, nous paraissent devoir être regardées comme des remèdes empi- » riques, dont le bon effet est, en grande partie, détruit par leur action sur les » vaisseaux respiratoires des animaux. Mais nous pensons que l'appareil doit » subir quelques modifications qui tendent à lui donner un accroissement d'é- » nergie pour lutter avec avantage contre les *touffes.* »

On ne peut se dissimuler en effet que, dans ces momens si pénibles, si accablans pour tout ce qui a besoin de respiration, il y a, pour l'éducateur, de grandes difficultés à vaincre; car alors l'air a perdu tout son ressort, toute son élasticité; il se trouve dans un état de stagnation complète; le thermomètre, qui, dans la matinée, marquait 12 ou 15 degrés, s'élève à 27, 28 et 30 degrés; l'hygromètre, tendant à l'humidité, monte du 40e au 50° degré au plus haut de l'échelle; la colonne barométrique s'élève de plusieurs millimètres; et ces crises de l'atmosphère se déclarent en général aux époques les plus critiques de la vie des vers, dans le cinquième âge, celui où une masse prodigieuse de feuilles et de litières est répandue dans l'atelier, où il se sépare du corps des chenilles une énorme quantité de matières solides, liquides, vaporeuses et gazeuses, et dans le temps de la montée, lorsque les cabanes de bruyères encombrent et bouchent en grande partie les vides laissés entre les tables.

Mais le défaut d'énergie signalé tient-il à l'appareil lui-même, considéré soit dans son mode d'action, soit dans ses dimensions ? — C'est une question que nous sommes appelés à résoudre par des expériences répétées plutôt que par la théorie.

A ce sujet, je dois dire qu'en général, dans les localités où l'on a eu à sa disposition une cave ou un vaste réservoir d'air frais, les thermomètres de l'atelier ne se sont point élevés au dessus de 20 à 21 degrés, et l'hygromètre n'a pas dépassé 85 degrés; on n'y a ressenti que fort légèrement les influences de la touffe, et il ne s'est manifesté aucune odeur de fermentation. Même à Loriol, chez le général *Blancart*, on s'est parfois réfugié dans la magnanerie pour y respirer librement et chercher un abri contre la touffe extérieure. Il faut ajouter que, dans ces momens difficiles, un feu actif était constamment entretenu dans la cheminée d'appel, qui d'ailleurs est une des plus vastes et des plus élevées que j'aie vues dans les divers établissemens que j'ai visités. Ces deux circonstances, savoir : la grande dimension donnée à la cheminée et l'activité développée dans le fourneau d'appel doivent surtout fixer l'attention; il m'a paru qu'en général elles étaient trop négligées. Lorsque la température extérieure est très élevée, on est peu porté à forcer le feu; on se borne à faire mouvoir de temps en temps le tarare ; on oublie que ce feu est destiné à déterminer dans la cheminée les courans dont l'action est si nécessaire pour contraindre un air plus froid que l'air extérieur à entrer dans la magnanerie, à s'y élever et à en sortir pour faire place à un air nouveau.

Quant aux inconvéniens de l'extrême humidité, ils ont été combattus avec avantage dans les ateliers-modèles de Faventines. Là, faute de moyens réfrigérans, on voulut avoir recours à un puits, mais les conduits, placés à la hâte, ne furent point disposés d'une manière convenable pour produire l'effet qu'on en attendait; de plus, la cheminée d'appel était peu élevée, et avait une très petite capacité. Pendant la touffe, le thermomètre intérieur s'éleva à 23 degrés; l'hygromètre monta à 100 degrés; la ventilation devint insuffisante : on commençait à trembler pour la première division des vers, qui alors se préparait à monter à la bruyère; on apercevait déjà des symptômes de fermentation dans les litières. — Alors on se hâta de faire usage des filets; puis on songea qu'il fallait, avant tout, s'opposer à l'humidité; et, pour y parvenir, on activa le feu des poêles dans la chambre d'air, on ouvrit les sections d'air chaud, on fit jouer fortement le tarare, et, en quelques instans, l'hygromètre descendit de 12 degrés vers la sécheresse sans que le thermomètre indiquât une variation très notable ; la respiration devint plus facile, les vers n'éprouvèrent aucun mal, et au bout de dix-huit heures toute la première division était montée à la bruyère.

M. *Robert* a employé avec succès le même moyen dans sa magnanerie.

Toutefois je suis loin de prétendre qu'il ne soit pas nécessaire d'apporter quelques modifications, sinon à l'appareil, du moins au jeu de cet appareil, tel qu'il opère actuellement; l'opinion des éducateurs que j'ai cités a trop de poids pour ne pas être de nature à provoquer des études et des recherches nouvelles. Mais pour donner à l'appareil le degré de puissance convenable, y aurait-il un meilleur moyen que d'augmenter les dimensions des gaînes et des ouvertures qui y sont pratiquées, de donner une grande hauteur et une vaste capacité à la cheminée, et d'accélérer le mouvement du tarare, à l'aide de rouages convenablement disposés?

Quelques éducateurs ont pensé qu'il pourrait être à propos, dans les circonstances vraiment *anormales* de la *touffe*, de varier, par intervalles, le degré de ventilation, plutôt que de lui imprimer un mouvement rapide et uniforme ; d'autres ont proposé d'établir au dessous de l'atelier un tarare destiné à refouler l'air avec force dans la magnanerie. Un système fondé sur les principes du refoulement a même été essayé, cette année, par M. *de Chabrières*, aux environs de Bollène. Il en est qui ont demandé s'il ne serait par convenable de placer en haut une gaîne de plus qu'en bas : cette gaîne supplémentaire, munie d'une tirette, serait mise en action seulement dans les temps de touffe et d'orage. D'autres éducateurs ont parlé de remplacer, ou tout au moins de seconder l'action du tarare, par un très fort courant de vapeur d'eau jeté dans la cheminée. Quelques uns ont émis l'idée de placer le poêle d'appel dans la partie supérieure de la cheminée, de manière qu'il soit alimenté par l'air même enlevé à la magnanerie.

Quoi qu'il en soit de ces divers moyens proposés, il est une leçon qui ressort évidemment des faits constatés par ces premières épreuves : c'est que l'on ne saurait méconnaître, dans tous les cas, sinon la nécessité, du moins les bons effets de l'appareil de ventilation ; que son degré d'utilité sera toujours proportionné au degré d'énergie qu'on pourra ou voudra lui donner, que le midi aurait tort de compter sur la beauté de son climat, pour se croire en droit de négliger quelques parties des moyens de succès, et qu'il ne saurait développer trop de puissance s'il veut triompher des dangers que lui suscite son atmosphère variable.

Un champ vaste et fécond est ouvert aux essais ; et la science, guidée par les premières données de l'expérience, doit en régulariser le cours.

J'ai communiqué à MM. *d'Arcet et Beauvais* toutes les observations que je dois aux éducateurs éclairés qui ont bien voulu me faire part de leurs recherches, et celles que j'ai été à portée de faire moi-même en visitant les établissemens formés dans les divers départemens méridionaux. M. *d'Arcet* s'est empressé de rédiger des notes que je joins à mon rapport.

Tels sont, Monsieur le Ministre, à l'égard des méthodes et des procédés qui vous ont paru dignes d'être propagés, les détails et les résultats que j'ai recueillis en parcourant, sous vos auspices, les départemens méridionaux. Reçu partout avec bienveillance, secondé par les agriculteurs les plus éclairés, admis dans leurs ateliers, initié à leurs études, je n'ai négligé aucune occasion de rechercher et de répandre les leçons de l'expérience.

C'est surtout dans le sein de la Société d'agriculture de la Drôme que j'ai trouvé un appui pour remplir la mission qui m'a été confiée. Son exemple a donné l'élan dans le département; les départemens voisins ont ressenti les effets de cette impulsion; ses ateliers, ouverts à tous indistinctement, ont été constamment remplis de visiteurs; là, comme dans la magnanerie-modèle dirigée par M. *Peltzer*, chacun a pu observer les effets de l'appareil de ventilation, en reconnaître la simplicité, comprendre l'influence des méthodes rationnelles d'éducation, sur la beauté et l'égalité des vers, sur leur régularité à l'époque des mues, et apprécier toutes les ressources des filets, les avantages d'un ameublement commode, d'un procédé d'encabanage prompt et facile, et d'une foule de petits détails d'exécution généralement trop négligés.

Cette Société, non contente des instructions qui devaient résulter des recherches pratiques et scientifiques confiées à une commission composée d'hommes de différens talens, praticiens et savans, a fait un appel à tous les éducateurs du département, et en particulier à ses comices, dont elle a sollicité la coopération. Afin de donner à cette association d'efforts et de travaux une forme régulière et un libre développement, elle a dressé et distribué des tableaux d'observations journalières, ne doutant pas que ces observations, consignées chaque jour dans des chambrées de diverses étendues, ne fournissent des résultats dont la comparaison raisonnée éclairerait ses investigations, et lui donnerait les moyens de mettre à profit, dans l'intérêt de tous, les bons et les mauvais succès.

Pour moi, admis à prendre part à ces travaux, porteur des instructions de la Société, j'ai parcouru les cantons du département, visité des ateliers de toute espèce, rassemblé les comices et les éducateurs, et développant le programme des *tableaux d'observations*, j'ai tâché de passer en revue les principaux faits, d'étudier et d'examiner la nature de ces faits, et de faire ressortir la multiplicité des circonstances, accidens et phénomènes qui peuvent et doivent avoir sur les résultats une influence plus ou moins notable.

Appelant principalement l'attention sur le fléau qui, chaque année, fait d'affreux ravages dans les chambrées méridionales, j'ai signalé les importantes découvertes du docteur *Bassi*, parlé des rapports et des mémoires présentés sur ce sujet à l'Académie des sciences, rendu compte des recherches de M. *Victor Audouin*, et indiqué les résultats qu'ont obtenus les éducateurs dont l'expérience a confirmé les faits avancés par ce savant entomologiste.

Ainsi j'ai dit comment, après des investigations journalières et minutieuses, M. *d'Arbalestier*, avant même d'avoir constaté d'une manière précise la nature et les principes de la *muscardine*, avait été conduit à penser que la maladie est réellement contagieuse, mais que la propagation du mal a lieu seulement quand l'efflorescence blanche s'est manifestée; qu'ainsi l'éducateur a la faculté d'arrêter cette propagation en ayant la précaution d'enlever, avant l'efflorescence, les vers qui, par une prédisposition quelconque, malgré les soins hygiéniques et un air pur et constamment renouvelé, auraient reçu le germe de la muscardine. En partant de ces principes, j'ai représenté les filets, seul moyen d'opérer à coup sûr la séparation des vers morts de la muscardine, comme appelés, sinon à détruire entièrement la maladie elle-même, au moins à délivrer les chambrées du fléau de la contagion.

Ces observations ont acquis, cette année, un nouveau degré d'importance : des essais répétés ont, en effet, paru démontrer que le ver frappé par la muscardine ne se couvre de la poussière blanche que vingt-quatre heures au moins après sa mort; et plusieurs éducateurs ayant pris le parti de déliter régulièrement tous les jours, en faisant usage du filet, ont complètement arrêté la manifestation de l'efflorescence dans l'atelier. J'ai été moi-même à portée de répéter cette expérience dans plusieurs magnaneries; et j'en ai particulièrement constaté le succès dans une chambrée de 15 onces, où la muscardine s'était déclarée avec des symptômes effrayans, à la sortie de la quatrième mue. Les filets ont été immédiatement appliqués, les délitemens opérés avec une grande régularité, et dès lors toute efflorescence a entièrement cessé; le mal a diminué rapidement, et l'éducateur, qui s'était cru à la veille de voir ruiner toutes ses espérances, m'a dit avoir eu, malgré les pertes qu'il a éprouvées, un des plus beaux résultats qu'il ait jamais obtenus. — La gaîne sur laquelle cet éducateur opérait avait été fournie par des papillons provenant d'une chambrée atteinte par la muscardine; et, pendant l'éducation de cette année, les feuilles avaient été plusieurs fois de suite déposées sur des bruyères qui avaient été chargées de vers muscardins.

De nouveaux faits sont encore nécessaires pour confirmer ces premières épreuves : la voie est maintenant tracée; bientôt le problème qui a si longtemps exercé tant d'intelligences sera résolu.

Mais, vous le voyez, Monsieur le Ministre, la solution de l'importante question qui nous occupe dépend de l'observation exacte des plus minutieux détails; telle est la multiplicité des circonstances qui doivent influer sur les résultats, que des essais doivent être tentés à la fois sur différens points. Mais en même temps il est un écueil à éviter, c'est celui de la confusion. Ces essais doivent être méthodiques et régulièrement dirigés; il ne suffit pas, il serait même dangereux de se borner à stimuler le zèle et l'activité des agronomes; il faut, tout en sachant mettre à profit leurs précieuses instructions, planter en divers endroits, dans un terrain ferme et sûr, des jalons qui, placés en vue de tous, puissent servir de guide dans la voie du progrès.

En vain soutiendrait-on que l'administration doit se garder d'intervenir dans l'application des procédés nouveaux, sous prétexte que l'expérience générale doit seule en constater définitivement le succès. — En agriculture, la question d'intervention est déjà chose jugée. Qu'on interroge les souvenirs des illustrations agricoles qui ont fait partie de la création de notre Société d'agriculture ; elles se rappelleront qu'alors on à dit que *l'agriculture ne saurait trouver dans ses propres ressources les moyens de soutenir les essais pénibles, coûteux et opiniâtres qui, pour être décisifs, doivent être chaque jour répétés jusqu'à impossibilité authentiquement constatée ; que d'ailleurs on ne saurait méconnaître l'immense obstacle que l'inertie caractéristique de l'esprit de routine oppose aux idées de perfectionnement.*

Alors on a reconnu la nécessité de l'intervention directe et active des hommes chargés de veiller sur la prospérité publique.

Et qui connaît la nature, les détails de notre industrie sait que, plus que toute autre peut-être, elle a besoin de ce puissant soutien : il faut qu'elle soit environnée de considération ; *ses grands problèmes* (on l'a dit) *peuvent occuper les plus hautes intelligences ; il y a place pour tous à cette œuvre ; qu'on ne s'étonne pas qu'il faille des hommes moins ignorans pour produire la soie ; tous les progrès exigent des intelligences moins imparfaites pour être bien accomplis.*

C'est par cette raison qu'à part toute considération sur les avantages ou les inconvéniens des éducations vraiment industrielles comparées aux éducations rurales, on ne peut s'empêcher de reconnaître qu'au perfectionnement des grands établissemens se trouve intimement liée l'amélioration générale de l'industrie des soies.

La haute science et la science agricole se sont associées ; MM. *d'Arcet* et *Beauvais* ont imprimé l'élan. La Société d'agriculture de la Drôme s'est avancée d'un pas assuré dans la voie des progrès ; ses travaux ont répandu l'instruction, ses succès ont inspiré la confiance. Les résultats obtenus dans la magnanerie-modèle de M. *de Balincourt*, placée sur la limite de quatre départemens, ont eu un retentissement salutaire. Puissent les bons exemples se propager ; puisse le midi voir se multiplier prochainement les établissemens-modèles !

Déjà d'utiles et importans effets ont été produits par les encouragemens donnés depuis plusieurs années à cette branche importante de notre économie rurale : la mission ordonnée l'année dernière dans le but de répandre la connaissance des méthodes et des procédés appliqués à l'éducation des vers à soie par MM. *d'Arcet* et *Beauvais* a fixé l'attention des agronomes les plus habiles ; et immédiatement ces agronomes ont mis la main à l'œuvre pour contribuer, par leurs efforts éclairés, à enrichir leur pays ; — les modèles en relief de la magnanerie salubre, expédiés dans les chefs-lieux des départemens, ont facilité les applications de ces procédés; — les missions renouvelées cette année pour suivre et diriger une partie de ces applications ont, tout en propageant l'instruction, fait naître des observations nouvelles tirées de l'étude des divers climats; — enfin une vaste carrière a été ouverte aux expériences par la publication du traité chinois, dont la traduction a été confiée à M. *Stanislas Julien*, de l'Institut, en attendant les renseignemens que doit nous rapporter M. *Hébert*, envoyé sur les côtes de la Chine pour y étudier les procédés du peuple industrieux qui, depuis quarante siècles, regarde la production de la soie comme sa principale fortune.

Que, pour quelques années encore, ces puissans encouragemens soient assurés à l'éducation des vers à soie, qui s'appliquent même aux diverses branches de notre industrie; que cette protection s'étende sur nos contrées du centre et du nord, et la France verra son commerce de soieries porté à son plus haut degré de prospérité et de splendeur!

Considérations générales sur l'emploi de la ventilation forcée dans les magnaneries; par M. d'Arcet (1).

S'il est un principe qui domine en hygiène, c'est surtout celui qui exige que l'on ne fasse respirer que de l'air pur aux animaux que l'on veut entretenir en bonne santé; l'opinion de tous les hommes instruits est unanime sur ce point : il ne saurait donc y avoir de discussion à ce sujet, et relativement à l'application de ce principe à l'assainissement des magnaneries; il ne peut s'en élever que sur la nature des divers moyens à employer pour ventiler ces ateliers.

En lisant ce qui a été publié sur l'éducation des vers à soie en Chine, on voit que l'on y a reconnu de tout temps la nécessité d'entretenir la pureté de l'air dans les magnaneries; mais l'on est obligé de reconnaître que les éducateurs chinois n'ont employé que de mauvais moyens pour atteindre ce but : en effet, ouvrir plus ou moins des fenêtres et des portes pour renouveler l'air dans un atelier, c'est l'enfance de l'art; c'est y renouveler l'air inégalement; c'est y établir tout à coup des changemens brusques de température et y

---

(1) On entend par ventilation *forcée* celle qui est indépendante des circonstances atmosphériques, et dans laquelle on peut, à volonté, mettre l'air en mouvement par un moyen mécanique.

produire des courans d'air fort inégaux, gênans pour les vers à soie qui sont près des ouvertures et insuffisans pour ceux qui se trouvent placés loin des portes ou des fenêtres et dans les angles de l'atelier.

L'état peu avancé des sciences en Chine, une immense population et le bas prix de la main-d'œuvre dans ce pays sont des circonstances qui expliquent et l'imperfection des moyens de ventilation qui y sont employés dans les magnaneries, et la réussite des éducations qu'on y fait; mais les succès n'y sont obtenus qu'à force de temps et de soins : en France, nous pouvions et nous devions faire mieux.

En m'occupant de l'assainissement des anciennes magnaneries, je reconnus que l'air se viciait très rapidement dans ces ateliers, qu'il s'y formait et accumulait une grande quantité d'ammoniaque; je vis donc qu'il était nécessaire d'y opérer une ventilation constante et énergique, pour y maintenir constamment la parfaite salubrité de l'air.

Le système de ventilation que j'ai indiqué dans mon mémoire sur l'assainissement des magnaneries m'a paru le plus convenable à adopter, parce qu'il répand le courant d'air symétriquement et sans grande vitesse dans l'atelier; parce qu'il est simple, peu coûteux, d'un emploi facile, et qu'il permet, à volonté, toute graduation dans la vitesse du courant d'air, et l'établissement d'une ventilation régulière ou bien variable et saccadée. Ce système de ventilation, expérimenté depuis trois ans dans les magnaneries salubres, a bien répondu à mon attente; et la volumineuse correspondance que j'ai entretenue à ce sujet établit d'une manière positive que son application, même incomplètement faite, n'a eu que de très heureux résultats.

Quelques personnes avaient pensé que la ventilation *forcée*, telle que je l'ai conseillée, pourrait avoir de funestes effets pour la santé des vers à soie, par suite de son trop de puissance; mais c'est tout le contraire qui a eu lieu, et je puis affirmer qu'il résulte de tout ce qui m'a été dit et écrit depuis trois ans à ce sujet, que pas une objection ne m'a été faite contre la trop grande vitesse du courant d'air dans les magnaneries salubres qui ont été construites sur mes plans, et que c'est au contraire pour y augmenter la puissance de l'appareil ventilateur qu'il m'a été fait bien des questions, surtout par les éducateurs du Midi : or rien ne sera plus facile que de produire cet effet, là où l'on aura besoin de l'obtenir, puisqu'il suffira pour cela d'augmenter convenablement, dans ces localités, la hauteur de la cheminée d'appel, ainsi que les dimensions et la vitesse de rotation du tarare, et ensuite d'employer ces moyens de ventilation avec plus ou moins d'énergie, suivant les circonstances atmosphériques où l'éducateur se trouvera. Quant à la convenance de la ventilation *forcée* pour l'assainissement des magnaneries, si l'on compar les résultats très favorables, obtenus depuis trois ans dans les magnaneries salubres, à ceux que l'on a dans les anciens ateliers, on ne peut s'empêcher de reconnaître l'effet salutaire de ce moyen d'assainissement, et de conclure qu'il serait maintenant inutile d'insister davantage sur cette partie de la question.

La ventilation *forcée*, dans les magnaneries salubres, a pour principal effet d'éloigner l'air qui se trouve vicié dans ces ateliers, et de l'y remplacer insensiblement et sans interruption par de l'air pur; mais ce n'est pas là que se borne l'utilité de ce moyen d'assainissement pour la santé des vers à soie et pour celle des ouvriers.

On savait en principe, et l'expérience l'a bien confirmé, qu'il était plus facile d'échauffer le courant ventilateur que de le refroidir, et cependant il est certain que, dans quelques circonstances et dans bien des localités, il faudra en venir au refroidissement de l'air, si l'on veut ventiler convenablement les magnaneries, et obtenir le maximum de produit des éducations : or, la ventilation *forcée* donne le moyen de produire facilement cet effet, et voici comment :

Le courant ventilateur ne devant pas être saturé de vapeur d'eau quand on l'introduit dans l'atelier, il est évident que sa température sera abaissée s'il y est mis en contact avec des corps humides ou mouillés : dans le cas où il faudra refroidir cet air, et où l'on ne voudra pas faire usage de glace, on pourra donc produire cet effet en arrosant convenablement le sol de la chambre à air et le plancher de l'atelier, ou bien en y suspendant des toiles mouillées. Je n'insisterai pas davantage sur l'emploi de ces moyens, dont j'ai longuement parlé dans mon mémoire; mais je ferai remarquer ici que, les vers à soie transpirant beaucoup, et se trouvant exposés de toutes parts, ainsi que les feuilles fraîches, à l'action du courant d'air, doivent prendre une température un peu inférieure à celle de l'air ambiant, ce qui, bien réglé, ne peut qu'être utile dans les circonstances dont il s'agit. Quant aux ouvriers qui travaillent dans la magnanerie, et dont la température normale est fixe et plus élevée que celle du courant d'air, ce courant les rafraîchira comme le ferait l'agitation de l'air dans la campagne, et leur sera, sous ce rapport, tout aussi utile qu'aux vers à soie : une application de ces donnés viendra bien à l'appui de ce qui précède.

Supposons que l'on ait à diriger une éducation dans le midi de la France, et que l'air vienne à prendre les caractères qui lui font donner le nom de *touffe* dans ce pays : si la magnanerie n'était pas ventilée, on n'aurait aucun bon moyen de s'opposer à l'infection de l'atelier et à la mortalité des vers à soie; s'il s'agissait, au contraire, d'opérer dans une magnanerie salubre bien construite, on remédierait facilement au mal en se conduisant comme il suit :

D'après les observations faites par M. *H. Bourdon*, l'air devenu *touffe*, a une haute température, est stagnant et se trouve presque saturé de vapeur d'eau. Pour rendre cet air salubre, il faudrait, ou lui enlever une partie de la vapeur d'eau qu'il contient, en abaisser convenablement la température et le mettre en mouvement, ou bien en élever un peu le degré de chaleur et donner au courant d'air la vitesse convenable.

En rédigeant mon mémoire sur l'assainissement des magnaneries, j'avais fait un chapitre dans lequel j'indiquais l'appareil à employer pour pouvoir toujours ramener le courant d'air à ne contenir que la quantité de vapeur d'eau convenable; mais la crainte de compliquer l'appareil sans une absolue nécessité me détermina à supprimer ce chapitre : il n'y a donc actuellement, dans les magnaneries salubres, aucune disposition prise pour y diminuer *directement* l'humidité du courant ventilateur; d'un autre côté, l'emploi de la glace ou de la vaporisation de l'eau n'ayant pas encore été généralement adopté, l'on n'y a que de faibles moyens de refroidir le courant d'air : il faudrait donc pour résister, dans l'état actuel des choses, à l'action funeste de la *touffe*, abandonner le premier parti et faire usage du second moyen qui a été indiqué plus haut : on n'aurait alors qu'à échauffer le courant ventilateur de quelques degrés, pour le rendre capable de vaporiser une nouvelle quantité d'eau, et qu'à forcer la ventilation, afin de donner assez de vitesse à l'air dans la magnanerie, d'abord pour y éviter l'accumulation de l'air vicié, et ensuite pour rafraîchir les vers à soie et les feuilles de mûriers sur lesquelles ils sont placés. En agissant ainsi, l'on arriverait probablement au but, et l'on éviterait l'inconvénient d'avoir à augmenter le nombre des repas proportionnellement à l'excédant de température qu'il aurait été nécessaire de donner au courant ventilateur pour éviter les funestes effets de la *touffe*; quant aux ouvriers, il est évident qu'ils se trouveraient plus à l'aise, malgré l'excédant de température du courant ventilateur, qu'ils ne le seraient en dehors de la magnanerie, exposés à l'action de la *touffe*, dont l'air serait moins chaud, mais stagnant et saturé de vapeur d'eau.

En résumé, je dis que l'on est loin d'avoir tiré tout le parti possible des moyens que j'ai conseillé d'employer pour assainir les magnaneries.

Les moyens de refroidir le courant ventilateur ont été négligés; ou l'on n'en a pas fait usage, ou on leur a donné trop peu de puissance.

Les appareils de ventilation *forcée*, suffisans dans le Nord, ont été trouvés trop faibles dans le Midi : il faudra donc en augmenter la puissance dans les magnaneries des pays chauds; mais rien n'est plus facile.

Quant à la graduation du courant ventilateur au dessous du maximum d'énergie que l'appareil peut donner, cette partie de la question a été mieux entendue et mieux appliquée.

Relativement à la régularisation du courant ventilateur dans la magnanerie, il y a eu des erreurs commises, et cependant il suffisait, pour les éviter, de placer des tirettes à chacune des gaînes supérieures, à quelques centimètres en avant de leur réunion au coffre du tarare, et de bien manœuvrer ces tirettes, ainsi que celles du tarare et de la cheminée d'appel.

La construction de la chambre à air a donné lieu à quelques difficultés dans les anciennes magnaneries, qui n'avaient pas d'atelier libre au rez-de-chaussée; cependant les principes sur lesquels je me suis appuyé pour organiser l'appareil ventilateur devaient faire concevoir que la ventilation de l'atelier étant *commandée* par un moyen mécanique, la chambre à air et son appareil de chauffage pouvaient être transportés partout où l'on voudrait les placer autour du bâtiment. Il est évident qu'en forçant l'action du fourneau d'appel et du tarare, on pourrait construire ces appareils au dessus du sol de l'atelier et même dans le grenier; mais il l'est aussi que la ventilation sera d'autant plus facile et d'autant moins coûteuse, que le calorifère sera plus rapproché du fourneau d'appel et qu'il y aura plus de distance verticale entre le sol de la chambre à air et la partie supérieure de la grande cheminée.

Aucun moyen direct n'a été employé pour diminuer la quantité de vapeur aqueuse contenue dans l'air qui en serait saturé; mais tout est prêt pour produire ce résultat, si une plus longue expérience venait à prouver que cela fût indispensable.

Quant à augmenter la température de l'air trop humide, dans le but de le rendre plus salubre, en le rendant capable de se charger d'une nouvelle quantité de vapeur, c'est à peine si ce moyen d'assainissement a été tenté.

Cependant, malgré toutes ces difficultés, inséparables de l'emploi d'un procédé nouveau dans tant de localités et de circonstances différentes, on a obtenu, dans les magnaneries salubres bien construites, des résultats tellement avantageux, que l'élan est donné et qu'il n'est pas à craindre de le voir s'arrêter.

Que les éducateurs de vers à soie se pénètrent bien des principes qui guident M. *Camille Beauvais*; qu'ils étudient tous les détails de mon appareil de ventilation; qu'ils en apprécient bien toutes les ressources; qu'ils en varient les dispositions et la puissance en raison des difficultés locales, et qu'ils ne négligent, dans l'application, aucun moyen d'en tirer bon parti : tout ira bien, et l'on verra sans doute notre agriculture fournir avant peu à nos fabriques, non seulement l'énorme quantité de soie qu'elles sont maintenant obligées de tirer de l'étranger, mais encore un grand excédant de ce produit, qui viendra assurer leur développement, et mettre en France, à la portée de tous, l'usage des tissus de soie.

EXTRAIT *d'un rapport sur les magnaneries salubres de M.* d'Arcet, *fait à l'Académie de Marseille, au nom de la commission d'agriculture, par M. le comte* H. de Villeneuve, *ingénieur des mines.*

M. le rapporteur, après avoir fait connaître les causes qui rendaient incertaines les récoltes de cocons dans le midi de la France, et qu'il attribue principalement aux gelées du printemps qui détruisent les feuilles de mûrier au moment de l'éclosion, et aux maladies qui font périr les vers à soie, parle des améliorations introduites par *Dandolo* dans l'éducation de ces précieux insectes. Pour éluder l'effet des gelées tardives, ce savant agronome a proposé de retarder l'éclosion des vers jusqu'à ce que les froids printaniers aient cessé; quant aux maladies, il a démontré qu'elles dérivaient de l'insalubrité du local où se fait l'éducation et de l'absence des soins multipliés et minutieux qu'exigent les insectes.

Pour assainir les magnaneries, il faut y entretenir une circulation continuelle; l'air chaud occupant les parties supérieures de l'atelier, on doit y ménager des issues et établir vers le sol, dans le plancher, des ouvertures destinées à donner accès à l'air frais. C'est d'après ce principe que *Dandolo* renouvelait l'air dans une magnanerie plus chaude que l'atmosphère extérieure; mais quand la température extérieure était en équilibre avec la chaleur intérieure ou qu'une grande humidité régnait dans l'atmosphère, l'air devenait stagnant. Pour rétablir la circulation, *Dandolo* proposait d'allumer des feux de paille aux quatre angles de l'atelier, ce qui produisait une circulation momentanée, mais toujours insuffisante.

La chaleur intérieure de l'atelier était portée à 16 ou 17°, à l'aide de poêles; la lumière résultait du système de construction, et l'humidité de l'air était entretenue en plaçant des plats pleins d'eau sur les poêles.

Lorsque les miasmes étaient trop abondans dans l'atelier, *Dandolo* conseillait des fumigations de chlore, et les soins qu'il prescrivait, pour aider à l'action des moyens de salubrité indiqués, consistaient principalement 1° à n'élever que des vers à soie du même âge, et, si cela n'est pas possible, séparer exactement tous ceux d'âge différent dès les premières heures de leur naissance; 2° à faire des délitemens fréquens et maintenir la plus parfaite propreté tout en plaçant les vers à soie à des distances qui ne leur permettent pas de se nuire réciproquement; 3° à bien éplucher et sécher les feuilles destinées aux vers à soie; enlever toutes les portions qui ne peuvent être mangées, pour diminuer la masse des matières entrant dans les litières.

Malgré toutes ces précautions, le système *Dandolo* présentait de graves inconvéniens sous le rapport de la salubrité des magnaneries : 1° la circulation de l'air n'était pas assez active dans les angles et les parties éloignées des ouvertures; 2° lorsque la chaleur extérieure est trop forte, les feux de paille destinés à favoriser la circulation de l'air sont dangereux et presque sans effet; 3° la chaleur est inégalement répartie; 4° les fumigations de chlore attaquent les vaisseaux respiratoires des insectes et peuvent causer quelque mal.

Sous le rapport des soins à donner aux vers, on avait remarqué que beaucoup de ces insectes périssent au moment de la montée, écrasés par le placement des rameaux; qu'un grand nombre tombe du haut des rameaux sur lesquels ils sont montés, et meurent de cette chute.

M. *Sinety* a apporté de notables perfectionnemens au système *Dandolo* : il a remplacé les poêles par une chambre à air chaud située au dessous du sol de la magnanerie. Cette chambre, chauffée par un calorifère, reçoit sans cesse l'air extérieur, élève sa température au degré convenable; cet air est ensuite distribué dans toute la magnanerie par des canaux qui s'ouvrent en plusieurs points du sol de l'atelier.

Aux ouvertures inférieures, qui amènent l'air du calorifère, correspondent des ouvertures situées vers le haut de l'atelier et par lesquelles s'échappe l'air vicié de l'intérieur.

Ces deux systèmes d'ouvertures supérieures et inférieures peuvent être fermés partiellement ou en totalité; on parvient ainsi à maintenir dans toutes les parties de la magnanerie une circulation continuelle d'air chaud. Lorsque la température extérieure est assez élevée pour qu'il ne soit plus nécessaire de l'échauffer, on éteint le feu, mais on laisse ouverts les orifices afin de ne pas ralentir la circulation.

M. *Sinety* a aussi remédié aux écrasemens des vers à soie tombant des rameaux à l'époque de la montée; il place, pour cet effet, des toiles flexibles sur les montans qui soutiennent les claies; ces toiles peuvent être accrochées horizontalement et former ainsi un rebord flexible à côté des claies, ou abandonnées à elles-mêmes, être suspendues, sans gêner la circulation de l'air d'une claie à l'autre.

Malgré l'addition du calorifère due à M. *Sinety*, l'air n'était pas encore assez régulièrement distribué dans toutes les parties de la magnanerie; la circulation était toujours imparfaite et souvent même absolument nulle lorsque la température intérieure était en équilibre avec celle du dehors.

Ces difficultés ont été complètement vaincues par M. *d'Arcet*, dans sa magnanerie salubre; elles forment les deux améliorations vraiment saillantes que présente son appareil.

L'air chaud, en sortant du calorifère, passe dans des gaînes ou canaux en bois sillonnant le sol de la magnanerie; ces canaux sont percés d'orifices distribués sur toute leur longueur et placés à peu de distance les uns des autres; mais, comme il y aurait inégalité de distribution si ces orifices étaient tous d'égale dimension, M. *d'Arcet* les a augmentés à mesure qu'ils s'écartent de la tête des canaux. Dans la partie supérieure de l'atelier se trouvent des orifices correspondant exactement, par leur situation et leur grandeur, aux orifices inférieurs; le dégagement de l'air vicié se fait aussi régulièrement par ces ouvertures que l'alimentation par celles du bas. Les deux courans d'air sont tamisés et répandus avec une grande uniformité; tous les vers à soie sont simultanément immergés dans un air chaud et salubre.

On peut, à volonté, ralentir ou augmenter la circulation en fermant partiellement les registres qui établissent la communication entre le calorifère et les canaux; on obtient ainsi toute la régularité désirable dans la distribution de l'air chaud fourni par le calorifère.

Mais restait toujours la difficulté la plus grande, celle de faire circuler l'air de la magnanerie lorsque la température extérieure est égale ou supérieure à la température intérieure. M. *d'Arcet* a vu qu'il suffisait d'un moteur pour remplir cet objet; il a donc placé, au point où tous les canaux supérieurs de la magnanerie se réunissent, un ventilateur mis en mouvement par un homme ou une force facile à appliquer; ce ventilateur entraîne l'air vicié dans une cheminée d'appel d'où il s'échappe dans l'atmosphère.

Ainsi, toutes les fois que l'air extérieur sera à une température convenable, le foyer du calorifère ne sera pas allumé; mais on donnera accès à l'air extérieur dans les canaux du sol de la magnanerie. On mettra le ventilateur en mouvement, et en quelques instans l'air vicié de la magnanerie aura été aspiré et remplacé par de l'air pur.

Quelquefois il faut ajouter de l'humidité à l'air lancé dans la magnanerie : alors on place des linges mouillés ou des vases pleins d'eau sur le trajet qu'il parcourt inférieurement avant de se répandre dans l'atelier.

D'autres fois il faut dessécher l'atmosphère; dans ce cas, on dispose sur le passage des corps desséchans, tels que de la chaux vive ou du chlorure de calcium et autres substances analogues.

Enfin, il est des circonstances où il est nécessaire de refroidir l'air affluent; deux moyens sont proposés pour cet effet par M. *d'Arcet* : le premier consiste à placer un grand nombre de linges humides sur le passage de l'air à introduire; l'eau de ces linges, en s'évaporant, absorbera ainsi de la chaleur aux dépens du courant d'air et le refroidira; le second, qui est préférable, consiste à placer, sur le trajet du courant d'air à refroidir, de la glace lorsqu'elle se trouve en abondance près des magnaneries.

La Commission observe que cette circonstance se présente rarement dans le midi de la France. Pour y suppléer, elle propose de faire aboutir dans la chambre à air inférieur à la magnanerie un canal en bois s'ouvrant dans un puits profond de dix mètres au moins et se prolongeant jusqu'au fond sans atteindre l'eau. Lorsque le ventilateur serait en mouvement, l'air du fond du puits serait aspiré; il viendrait rafraîchir l'air intérieur de la magnanerie; l'air extérieur pourrait librement descendre dans le puits et serait aspiré à son tour lorsqu'il aurait pris la température du puits.

M. *Camille Beauvais*, ajoutant l'effet de ses méthodes ingénieuses à la puissance de l'appareil de M. *d'Arcet*, a obtenu dans le domaine des Bergeries de Senart des résultats très remarquables dans la production des cocons. Ses procédés consistent 1° dans un soin *tout particulier* pour l'éclosion des graines; 2° une alimentation fréquente et légère; 3° la classification exacte des vers d'après leurs progrès; 4° le maintien d'une température constante et parfaitement égale depuis le commencement de l'éducation (20 à 22° Réaumur); 5° maintien de l'hygromètre à un très haut degré (80 à 90°); 6° délitemens fréquens à l'aide de filets légers à mailles carrées; 7° ramage des claies à l'aide de petits liteaux à coulisse enchâssés dans les claies, de manière qu'on puisse les armer de rameaux hors des claies et les placer ensuite sans blesser les vers; 8° choix minutieux des cocons pour faire la graine, puis des papillons.

Voici les résultats successivement obtenus de l'ancien système et de ceux de *Dandolo* et *Camille Beauvais*. Pour 1,000 kilogrammes de feuilles, l'ancien système d'éducation donnait 30 à 45 kilogrammes de cocons, d'après le système *Dandolo*, 66 à 72, et d'après la méthode *Camille Beauvais*, à l'aide de l'appareil *d'Arcet*, 92.

La Commission fait remarquer que les fumigations de chlore employées pour désinfecter les magnaneries ne détruisent pas l'acide carbonique qui forme la majeure partie des gaz méphitiques exhalés par la transpiration des vers à soie et par leurs excrémens; les chlorures de chaux ou de soude sont préférables, mais leur usage n'est pas exempt de dangers pour la respiration des vers. Mais la substance qui réunit au plus haut degré les propriétés absorbantes est la poussière de charbon végétal ou la poudre de certains charbons minéraux; il suffira d'en saupoudrer les litières des vers à soie pour qu'elles soient privées à l'instant de toute odeur : les exhalaisons sont arrêtées; le charbon absorbe les gaz méphitiques et annule la fermentation.

Si l'air qui arrive dans la magnanerie n'était pas d'une pureté parfaite, il suffirait de placer du charbon en fragmens plus ou moins volumineux dans la chambre à air; le passage à travers le charbon le purifierait.

L'emploi du charbon sur la litière ne serait pas une dépense perdue : il y aurait moins de précipitation et de main-d'œuvre dans les délitemens, et l'on obtiendrait un engrais excellent.

Dans les grandes magnaneries, il est quelquefois nécessaire d'introduire de l'air frais dans certaines parties, tandis que d'autres exigeraient de l'air chaud. On pourrait chercher à obtenir simultanément ces deux effets en plaçant sur le sol de l'atelier deux systèmes de canaux : les uns aboutissant seulement au calorifère, les autres au magasin d'air frais.

La Commission pense qu'une exécution même partielle du système *d'Arcet* serait une immense amélioration; mais, au lieu de percer cette multitude d'orifices que M. *d'Arcet* établit sur ses gaînes, on pourrait se contenter de cinq à six ouvertures dans le sol du plancher d'un appartement de 8 mètres de côté. On ferait, dans tous les cas, aboutir les ouvertures inférieures à un canal commun chauffé par le calorifère, et les ouvertures supérieures s'ouvriraient dans le lieu où se meut le ventilateur.

Enfin la Commission estime que l'appareil de M. *d'Arcet* pourrait être utilement appliqué au séchage des garances, fruits secs, fourrages, etc., à la ventilation des blés, à la désinfection des marchandises et des navires, et principalement à l'assainissement des salles d'hôpitaux, où il exercerait une puissante influence sur la santé des malades.

Mémoire sur l'industrie de la production des soies; par M. HENRI BOURDON.

Dans un moment où, impatiens d'affranchir la France d'un tribut annuel de quarante millions, et épouvantés des frais immenses par lesquels l'Angleterre s'efforce, depuis quelques années, d'établir et de perfectionner la fabrication des soies dans ses colonies, des hommes ardens et éclairés consacrent leurs travaux à rajeunir et à développer l'industrie *séricifère* (1), j'ai tâché,

(1) Bien qu'il ne m'appartienne pas de réformer le langage, je crois devoir substituer le mot *séricifère* au mot consacré *sétifère*, car le mot latin *seta* veut dire *soie d'animal à long poil*, tandis que le mot *soie*, appliqué au produit de nos filatures, se dit en latin *serica*, du mot grec σηρικον, dérivé lui-même du mot σηρ (sère), ancien nom du peuple voisin du Thibet en Asie, qui, le premier, a su découvrir les trésors recélés dans la filière de notre précieux insecte.

cédant aux désirs qui m'ont été manifestés et à l'entraînement d'une conviction profonde, de mettre à profit mes observations, mes recherches et mes conférences avec des praticiens, pour prouver, par des calculs positifs et des relations immédiates établies entre les dépenses et les recettes, que le profit est essentiellement lié à la réussite de cette industrie qui, si lucrative alors même qu'elle est abandonnée à des mains ignorantes, doit devenir une source de richesses pour le pays et pour les hommes qui veulent s'y livrer. Mais comme les faits, qui doivent tous être pris en considération, sont formés d'élémens divers dont la nature est essentiellement variable, je crois devoir faire d'abord un exposé des principales circonstances qui, par leur diversité, empêchent d'établir sur des bases fixes des calculs rigoureux et sans exception.

L'industrie qui produit la matière première des soies, c'est à dire les soies gréges, peut se partager en trois branches bien distinctes : 1° la culture de l'arbre séricifère (le mûrier); 2° l'éducation de l'insecte séricifère (le ver à soie); 3° le dévidage des cocons produits du travail de l'insecte. Ces trois branches peuvent être séparées ou réunies dans les mains d'un seul.

Il est clair que l'homme qui embrassera tout gagnera plus que celui qui n'en prendra qu'une partie; mais dans tous les cas, chaque branche ne doit pas moins avoir son bénéfice propre qu'il faut calculer.

1°. *Culture du mûrier.*

La plantation du mûrier peut être considérée sous plusieurs points de vue.

Plantation en bordures (1). . . . Plantation en plein champ.

Mûriers à haute tige. . . . . Mûriers nains.

De ces cultures différentes proviennent des différences essentielles dues aux circonstances suivantes :

Empiètement sur les autres cultures. — Frais primitifs pour la préparation du terrain et l'achat des arbres. — Attente de la première récolte. — Produits en feuilles cueillies sur chaque arbre, ou, pour mieux dire, sur une étendue déterminée de terrain, parce que les distances laissées entre les arbres varient suivant la nature de la plantation. — Qualité nécessaire et par suite prix du terrain. — Action des gelées printanières. — Durée des arbres.

Ces simples énoncés suffisent pour faire sentir qu'indépendamment des variations locales et personnelles, les planteurs peuvent apporter des calculs différens, selon qu'ils ont adopté telle ou telle culture.

(1) Les haies et les espaliers ne sont qu'accessoires. Quant aux plantations en prairies, elles sont à peine connues en France.

2°. *Education du ver à soie.*

Pour la seconde branche, on doit considérer les frais d'établissement, de mobilier et de chauffage, la main-d'œuvre de la cueillette des feuilles, le poids des feuilles consommées, la main-d'œuvre dans l'intérieur de la magnanerie, le poids brut des cocons obtenus par once de graine, la qualité de ces cocons et la quantité de soie qu'ils renferment. Or, en général, tous ces élémens ont entre eux des variations dues à la diversité des localités et de certaines circonstances indépendantes de la volonté de chaque éducateur; en outre, ils ont des différences dues aux soins intérieurs donnés dans la magnanerie, à la nature des mûriers dont les feuilles sont plus ou moins faciles à cueillir, et qui fournissent plus ou moins de matière nourrissante et de matière soyeuse, selon leur espèce, suivant qu'ils sont greffés ou sauvages; des différences dues à la température adoptée pour l'intérieur de l'atelier, température qui influe sur la durée de l'éducation, sur la qualité et la finesse des cocons.

3°. *Dévidage des cocons.*

Quant au dévidage des cocons, outre que les frais d'établissement, de chauffage et de main-d'œuvre varient suivant les localités, il existe des circonstances qui empêchent d'évaluer rigoureusement le bénéfice résultant d'un poids déterminé de cocons dévidés, parce que, sans parler de l'habileté et du soin de la fileuse, on doit prendre en considération la nature des cocons qui contiennent plus ou moins de matière soyeuse, demandent, pour être dévidés, une eau plus ou moins chaude, partant une plus ou moins grande dépense de combustible, font plus ou moins de déchet, sont susceptibles de se filer avec plus ou moins de promptitude et de régularité, et produisent, en définitive, une soie plus ou moins marchande.

Par tout ce qui vient d'être dit, il me paraît démontré qu'il est impossible d'établir rigoureusement des calculs de revient où chacun puisse reconnaître les résultats qu'il a obtenus; mais on peut étudier séparément les divers documens fournis par les éducateurs, avoir égard, autant que possible, aux diverses circonstances, se tenir toujours dans les limites supérieures de dépenses et les limites inférieures de bénéfices, prendre en considération les chances de pertes accidentelles, puis composer avec ces élémens de différente nature un tout homogène, fondé sur des calculs de moyennes approximatives, pour démontrer clairement à tous quel est, même dans les circonstances les plus défavorables, le produit de l'industrie séricifère, traitée avec discernement, appropriée et limitée aux convenances de chaque localité.

C'est en m'appuyant sur les considérations précédentes, que je vais établir les calculs suivans :

FRAIS D'EXPLOITATION ET PRODUITS.

1°. *Culture du mûrier.*

Les frais primitifs de plantation, d'entretien, la quantité de mûriers qui couvrent un hectare, et le nombre d'années qui s'écoulent avant la première année de récolte, varient avec la nature des plantations adoptées; mais, en même temps qu'il y a plus de frais, il y a plus grande promptitude de jouissance, et, s'il y a moins de mûriers, chacun d'eux, au bout d'un temps déterminé, porte plus de feuilles; en sorte qu'il s'établit des compensations en partie ou en totalité; et, pour ne pas entrer dans des détails de distinction qui seraient à l'infini, on doit s'attacher à tenir compte de ces compensations, et en déduire des moyennes approximatives. C'est ainsi que, prenant pour point de départ une année moyenne, on peut déterminer, comme il suit, les frais et le produit brut d'un hectare :

Location du terrain.	60 fr.
Frais d'entretien (binage, taille, ébourgeonnage, fumure, remplacement d'arbres).	200
Intérêts sur les frais de plantation, de location et d'entretien, prélèvement fait des produits bruts provenant de récoltes déjà obtenues.	100
Dépenses imprévues, et pour compte rond.	40
Dépense annuelle (1) (compris les intérêts).	400

Le produit d'un hectare est pour le moins de 12,500 kilogrammes de feuilles, dont on peut déduire $^1/_5{}^e$ = 2,500, pour chances de gelées, de non-récoltes, refus d'arbres fatigués, etc., d'où net : 10,000 kilogr. de feuilles, lesquels coûtent, par compte ci-dessus, 400 fr., d'où

Dépense pour produire 50 kilogr. de feuilles, 2 fr.

Le planteur de mûriers qui n'est pas magnanier vend ordinairement ses feuilles de 3 fr. 50 c. à 5 fr. les 50 kilogr. (2). Se reportant au produit net en feuilles fourni par un hectare, on peut calculer le bénéfice.

Voilà pour la première branche de l'industrie séricifère considérée isolément.

Renseignemens. Un hectare planté en mûriers nains greffés peut en contenir mille. L'achat et les frais de plantation, y compris le défoncement du

(1) La dépense annuelle d'une culture en plein rapport, non compris les intérêts, est, dans les Cévennes, de 1 fr. à 1 fr. 30 c. au plus pour 50 k. de feuilles.

(2) Ce n'est que par exception et en cas de disette que le prix monte à 10 et 15 fr.

terrain, reviennent, dans les environs de Paris, à 800 ou 900 fr. — Les mûriers sauvages se plantent à des distances beaucoup plus rapprochées; on peut en mettre environ 6,000 dans un hectare. — Un hectare planté en mûriers à haute tige peut en contenir de 150 à 200, suivant la nature du terrain.

2°. *Éducation du ver à soie.*

Il est impossible d'évaluer les produits, en comptant d'une manière absolue par once de graine soumise à l'éclosion; car les dépenses et les recettes devront nécessairement varier suivant les soins dont on jugera dignes les insectes séricifères, et suivant la quantité et la qualité des cocons que l'on retire de chaque once. Dans la plupart des magnaneries du Midi, on retire seulement 25 à 28 kilogr. de cocons par once (1); dans quelques unes on en obtient 50. En Piémont, par les *dandolières*, on récolte 55 kilog.; et M. *Camille Beauvais*, grâce à sa vigilante expérience et à l'appareil ventilateur de M. *d'Arcet*, a obtenu 68 kilog. 50 par once de graine; et tout porte à croire qu'on ne tardera pas à parvenir jusqu'au nombre 75. Il est bien entendu que ces résultats divers sont supposés convenir sinon à une même espèce de graine, du moins à des cocons qui, à égalité de circonstances dans la filature, donnent approximativement les mêmes résultats en soie grège. J'insiste sur ce point à cause des objections publiées par des détracteurs de l'industrie séricifère aux environs de Paris.

Mais, pour fixer les idées et pour me tenir dans des limites inférieures, je vais supposer qu'une once de graine produise 50 kilogr. de cocons dans une éducation de dix onces, et seulement 45 kilogr. dans une éducation de cent onces (2); et si l'on trouve des bénéfices réels même en partant de cette hypothèse, si de plus ces bénéfices sont plus grands que ceux qu'on obtient en retirant 25 à 30 kilogr. de cocons d'une once de graine, on préjugera aisément de l'avantage qui résultera de l'amélioration des éducations.

Cela posé, je vais, en ayant égard au nombre total des claies successivement occupées par les vers et au poids des feuilles successivement consommées dans les diverses périodes de leur existence, déterminer à peu près, non pas le nombre des individus nécessaires dans chaque âge, puisque ce nombre varie chaque jour, mais le nombre total des journées employées dans chacun de

---

(1) Ces magnaneries passent pour être assez bien tenues; il en est où l'on ne récolte que 8, 10, 15 kilogrammes de cocons par once de graine.

(2) Je fais ici une concession que quelques éducateurs expérimentés pourraient bien me reprocher.

ces âges, tant pour le service intérieur de la magnanerie que pour la cueillette et le transport des feuilles.

Etat pour 10 *onces.*

	1er âge.	2e âge.	3e âge.	4e âge.	5e âge.	6e âge ou récolte des cocons.	Total des journ.	Dépense.	Dépense totale pour la main-d'œuvr.
Journées d'hommes.....	»	»	»	4	16	»	20	40f.	(1)
— de femmes....	14	15	18	22	71	16	156	195	265 fr.
— d'enfans......	»	»	4	6	20	»	30	30	

Etat pour 100 *onces.*

	1er âge.	2e âge.	3e âge.	4e âge.	5e âge.	6e âge ou récolte des cocons.	Total des journ.	Dépense.	Dépense totale pour la main-d'œuvr.
Journées d'hommes.....	»	9	15	40	200	20	284	568f.	
— de femmes....	24	26	40	80	300	60	530	662 50	1,500 fr. 60 c.
— d'enfans......	18	20	22	30	100	80	270	270	

On suppose, en formant ce dernier tableau, qu'on ait mis les cent onces de graine à éclore dans le même temps, bien qu'on n'opère jamais ainsi ; mais cette considération n'influe point sur le nombre total des journées. Je n'indique point d'une manière positive la durée de l'éducation qui dépend de diverses circonstances, et entre autres de la température qu'on juge à propos de donner à l'atelier; mais je dirai seulement qu'elle varie depuis 25 jusqu'à 45 jours, la température adoptée variant de 30° à 14° (2). Quant à la durée de chaque âge, elle varie d'une manière semblable; mais j'ajouterai qu'en général le 2e âge est d'un jour moins long que le premier, lequel est lui-même d'une journée plus court que le 3e et le 4e, qui ont tous les deux à peu près la même durée; que le 5e âge est de 4 ou 5 jours plus long que ces deux derniers; enfin que le 6e âge, temps de la montée, doit durer au plus 8 ou 10 jours.

(1) Les journées sont estimées à 2 fr., 1 fr. 25 c. et 1 fr.

(2) La température doit rester constante dans chaque âge, mais elle varie d'un âge à l'autre, et pour chacun des âges même chaque éducateur adopte la température qu'il juge convenable. Le plus généralement, les éducations se font à une température de 17° à 20° ; et alors elles durent environ 35 jours.

En formant les deux tableaux précédens, j'ai supposé les journées comptées au taux le plus élevé des environs de Paris, à part le temps de la moisson. De plus, j'ai admis que la cueillette de la feuille se paie à la journée. Ce n'est pas ainsi généralement que la chose se pratique dans le Midi; mais j'ai estimé le nombre des journées employées à cette cueillette d'après la quantité moyenne de travail que chaque individu est réputé pouvoir faire; d'ailleurs, la somme payée à la tâche, dans chaque pays, doit être proportionnée au prix ordinaire des journées; ainsi, en définitive, de quelque manière que la cueillette s'opère, le chiffre des dépenses donné ci-dessus doit convenir à peu près exactement, sauf l'habileté et l'habitude des ouvriers pour le genre de travail en question, au pays où la main-d'œuvre est la plus chère. Tant mieux pour les magnaniers qui se trouveront dans les circonstances les plus favorables. Pour moi, je pense que, s'il y a avantage sous quelques rapports dans certaines localités, il y a désavantage sur d'autres points. Reste à savoir s'il y a compensation : je me garderai bien de me prononcer actuellement sur ce sujet; au surplus, cette considération ne me paraît ici d'aucune importance, car le temps n'est pas encore venu où la France, qui tire chaque année pour 40 millions de soie de l'étranger, en produira assez pour que la concurrence soit à redouter; et d'ailleurs l'abondance des matières augmente la consommation.

Quoique les deux tableaux que nous avons présentés ne contiennent pas de chiffres rigoureusement exacts, cependant ils sont bien propres à donner une idée très rapprochée de la dépense qui peut résulter de la main-d'œuvre, et il est facile de se convaincre qu'en augmentant même de moitié tous ces nombres on ne ferait point encore une grande brèche aux bénéfices. J'engagerai fortement les détracteurs de l'industrie séricifère aux environs de Paris à faire un compte de cette nature, pour s'assurer si leur grande objection de la cherté de la main-d'œuvre a quelque fondement. Quant à la quantité de feuilles consommées, je trouve, en additionnant tout ce qui a été mangé dans chaque âge, que,

Pour une éducation de dix onces, où la feuille est distribuée avec économie et discernement, il faut au plus 7,500 kilogr. de feuilles (cette évaluation est très forte) qui, coûtant d'après le compte ci-dessus 2 fr. les 50 kilogr., reviennent à 300 fr. au magnanier planteur;

Et pour une éducation de cent onces, il faut au plus 75,000 kilogrammes (750 quintaux, chaque quintal étant de 100 kilogr.), lesquels coûtent 3,000 fr.

Rapprochant chacun de ces résultats du prix de main-d'œuvre correspondant; et comptant, en outre, dans le premier cas 250 fr., dans le deuxième cas 3,000 fr., pour les intérêts de frais d'établissement, de mobilier et les frais de chauffage, éclairage, papiers, entretien et changemens, on trouve pour somme totale des dépenses,

1°. 815 fr., pour 500 kilogr. de cocons;

2°. 7,500 fr., pour 4,500 — id.

Partant, la production de 1 kilogr. de cocons, coûte,

Dans une éducation de 10 onces, 1 fr. 63 c.;

id. 100 onces, 1 fr. 66 c.

On sait que le kilogramme de cocons se vend ordinairement de 3 fr. à 3 fr. 50 c.

Voilà pour le *magnanier-planteur*.

L'étendue du terrain mis en culture est d'ailleurs, comme on peut le voir, en se rappelant le produit en feuilles d'un hectare et la quantité de ces feuilles consommées,

Moins de 1 hectare, pour la production des 500 kil. de cocons;

Moins de 10 hectares, id. 4,500 kil. id.

Si le magnanier n'est point planteur, il achète ses feuilles au planteur, qui les lui vend, comme il a été dit plus haut, à raison de 3 fr. 50 c. à 5 fr. les 50 kilogr.; s'il les paie 4 fr., la production de 1 kilogr. de cocons lui coûte,

Dans une éducation de 10 onces, 2 fr. 22 c.;

id. 100 onces, 2 fr. 33 c.

Lorsque je compare les résultats de mes calculs avec tout ce que j'ai entendu dire à plusieurs magnaniers du Midi, et entre autres à un éducateur des environs de Toulon, je crains d'avoir réduit à un chiffre trop bas les bénéfices. Cet éducateur, qui est magnanier et planteur, m'a dit que le prix de main-d'œuvre et le prix d'acquisition des terres sont, dans son pays, à très peu près au même taux que dans les environs de Paris. Il abandonne à ses métayers le soin de son éducation, et ne retire, année moyenne, que 25 kilogr. de cocons par once de graine; n'étant point filateur, il vend ses cocons à raison de 3 fr. 25 c. le kilogr., terme moyen; et il m'assure faire chaque année, dans une éducation de cent onces, un bénéfice net de 6,000 fr. Il vient de partir pour construire une magnanerie d'après les plans de M. *d'Arcet*, et, en s'aidant de sa longue expérience pour mettre à exécution les moyens d'assainissement qui lui ont été communiqués, il prétend, par une direction bien entendue, parvenir, d'ici à peu de temps, à doubler pour le moins ses bénéfices.

Renseignemens. Les dimensions d'une magnanerie varient suivant les dispositions intérieures; mais je pose seulement en principe que 50 kilogr. de cocons doivent être récoltés sur une superficie de 220 pieds carrés environ. Reste à chaque éducateur le soin d'adapter la localité dont il peut disposer, de la manière la plus convenable et la plus économique possible, pour la quantité de cocons qu'il veut produire dans son atelier. Pour une éducation de cent onces, je pense qu'il est bon de faire trois ateliers séparés ; et l'industriel qui doit, autant que possible, dépenser l'argent seulement à mesure qu'il peut rapporter intérêt, fera bien de construire successivement ses magnaneries, à mesure que l'accroissement des produits en feuilles fournies par les mûriers lui en fera sentir le besoin : il devra toutefois disposer ses bâtimens de manière à pouvoir faire servir pour chaque construction nouvelle les constructions déjà faites.

5°. *Dévidage des cocons.*

Relativement au dévidage des cocons obtenus, il y a peu de détails à donner : la quantité de soie retirée d'un poids déterminé de cocons varie beaucoup avec la nature de ces cocons ; on en emploie depuis 8 kilogr. jusqu'à 15 kilogr. pour faire un kilogr. de soie. M. *Camille Beauvais* a retiré environ 1 kilogr. de soie de 11 k. 20 de cocons. Pour moi qui n'ai produit que quelques kilogrammes de cocons, j'ai employé 10 k. 80 de cocons pour chaque kilogramme de soie.

Adoptons, comme terme moyen, 12 kilogr. de cocons pour 1 kilogr. de soie (1).

Des 500 kilogr. de cocons provenant d'une éducation de 10 onces de graine, on doit déduire 5 kilogr. pour la production de la graine; restent 495 kil. de cocons qui, filés, produiront 370 k. 833 gr. de soie.

Ajoutant aux frais d'éducation donnés par compte ci-dessus, les frais journaliers de filature et les intérêts des frais d'établissement, on a,

1°. Pour 41 k. 250 gr. de soie, 1,115 fr.;

2°. Pour 370 k. 833 gr. id., 10,000 fr.

Partant, la production de 1 kilogr. de soie coûte,

Dans une éducation de 10 onces, 27 fr.;

id. de 100 onces, 26 fr. 95 c.

Je n'indique point le prix de vente du kilogramme de soie grége, parce qu'il est sujet à variations commerciales, et qu'il dépend d'ailleurs de la nature et de la couleur de la soie, et surtout de la régularité du dévidage; mais chacun peut consulter les tableaux des prix courans des diverses années, et com-

(1) En établissant cette proportion, nous supposons implicitement qu'on porte en ligne de compte, d'une part, le déchet provenant des douppions ou cocons doubles, et de l'autre part la production de la bourre, filoselle et autres résidus de filature qui se vendent à part.

parer ces prix aux dépenses de production. Dans ce moment, le prix moyen des soies ordinaires bien filées est de 70 à 80 fr. le kilogramme, avec escompte de 12 à 13 pour 100. La belle soie blanche, très bien filée, se vend beaucoup plus cher.

Si de 5 kilogr. de cocons on peut retirer 0 k. 50 de soie, la production de 1 kilogr. de cocons coûte seulement,

Dans une éducation de 10 onces, 22 fr. 53 c.;

id. de 100 onces, 22 fr. 47 c.

Il ne faut pas perdre de vue que le terrain mis en culture est,

Dans le premier cas, moindre que 1 hectare, ou la quantité de soie produite =41 k. 250 gr.;

Dans le second cas, moindre que 10 hectares, ou la quantité de soie produite =370 k. 833 gr.

M. *Amans Carrier,* conseiller de préfecture à Rodez, réunit les trois branches de l'industrie, et dans un rapport sur son éducation de 1833, inséré aux *Annales de l'agriculture française,* il dit avoir retiré 1,548 fr. 95 c. de bénéfice net de 464 kilogr. de cocons produits avec des feuilles provenant d'un terrain dont la contenance est au plus d'un demi-hectare.

Quant à l'industriel qui ne serait que filateur, et qui filerait seulement 5,000 kilogr. de cocons, pour lesquels il devrait entretenir 18 tours pendant cinquante ou soixante jours,

La production de 1 kilogr. de soie grège lui coûterait (1),

Si 12 k. de cocons donnent 1 k. de soie, 46 fr. 20 c.;

Si 10 k. id. id., 38 fr. 50 c.

Les cocons sont supposés payés 3 fr. 25 c. le kilogramme; les frais de filature sont d'ailleurs les mêmes que précédemment.

J'ai rapporté les résultats que j'ai pu apprendre de divers magnaniers, afin que chacun puisse savoir à quoi s'en tenir sur les chiffres que je présente. Au reste, ce dont je crois être bien sûr, c'est de ne pouvoir être taxé d'exagération. Je serais seulement porté à craindre que des magnaniers qui jetteraient les yeux sur les résultats des calculs ne reconnussent qu'ils obtiennent autant de bénéfice net, et peut-être même plus sans se donner aucune peine, et qu'ils ne voulussent conclure de là qu'il n'y a pas d'avantage à produire plus de cocons avec une once de graine, puisque, sans doute se diront-ils, si les résultats ne sont pas plus beaux, c'est que la main-d'œuvre, la consommation de la feuille, etc., augmentent en proportion des produits en cocons. Mais si ces

(1) Il est question ici de la belle soie.

magnaniers ont vraiment le désir de s'éclairer, ils devront examiner les calculs qui ont conduit à ces résultats, alors peut-être reconnaîtront-ils qu'on a été très modéré en évaluant le *produit net* en feuilles d'un hectare, et qu'on a en même temps un peu exagéré le poids des feuilles consommées; ils remarqueront que l'on a fait entrer en ligne de compte les intérêts de toutes les dépenses primitives; puis ils verront qu'il n'y a pas proportion entre l'augmentation de la main-d'œuvre et du poids des feuilles et l'augmentation de produits en cocons, parce qu'ils perdent beaucoup de vers après que ceux-ci ont déjà consommé plusieurs quintaux de feuilles; ils pourront d'ailleurs apprécier la valeur de 50 kilogr. de cocons et le prix de la feuille consommée pour les produire; ils songeront, en outre, que la cause qui influe sur la mortalité des vers d'un atelier doit aussi nécessairement agir sur la santé et la constitution des vers qui filent, en sorte que plus on sauve de vers, c'est à dire plus on retire de cocons d'une once de graine, plus les cocons produits doivent être beaux.

En faisant toutes ces réflexions, ces magnaniers se convaincront que l'infériorité, si elle existe, des nombres qu'on leur présente provient non pas d'un défaut d'amélioration, mais d'une trop haute évaluation des dépenses.

Et si des hommes nouveaux, entraînés par nos raisonnemens et nos calculs, pensent que l'industrie séricifère vaut la peine qu'ils y donnent leurs soins, ils pourront être agréablement surpris de voir que les résultats surpassent leurs espérances.

Ces calculs étant établis, afin de se faire une idée de la perte énorme en soie faite chaque année, et de l'avantage qui résulterait pour la fabrication de cette matière, des produits tels que nous les supposons, comparés avec les produits moyens, on peut faire le calcul suivant :

Chaque once de graine contient au moins 40,000 vers : on en retire ordinairement, dans les éducations regardées comme assez bonnes, 25 kilogr. de cocons; ces 25 kilogr. correspondent à 14,000 vers, à supposer que 280 cocons pèsent 500 grammes. Ainsi, par once de graine, il se perd au moins 26,000 vers.

Telle est donc la destinée de ces précieux insectes que, sans parler des catastrophes dues à l'imprévoyance, qui anéantissent quelquefois des éducations entières, les deux tiers au moins de ceux qui naissent chaque année doivent mourir avant d'avoir pu exécuter leur ingénieux travail.

Et pour récolter ces 14,000 cocons on a dépensé 500 kilogr. de feuilles, tandis qu'en supposant seulement un produit de 50 kilogr. de cocons par once de graine on trouve que pour 28,000 cocons 750 kilogr. de feuilles ont été consommés. Ainsi le nombre de cocons produits est double, et le poids des feuilles est seulement augmenté d'un tiers. On se rappelle, d'ailleurs, la différence qui existe entre la valeur de 50 kilogr. de cocons et le prix du même poids de feuilles. Il faut, en outre, prendre en considération la qualité des cocons, qui doit être inférieure dans un atelier où une grande mortalité a affecté les vers.

Tous les calculs que nous avons présentés, malgré les avantages immenses qu'ils promettent, auraient pourtant peu de valeur s'ils étaient seulement fondés sur la théorie; mais nous pouvons appeler en témoignage la longue expérience des éducateurs éclairés, qui, depuis longtemps, ont démontré par la pratique la possibilité d'arriver aux mêmes résultats que nous avons indiqués; nous n'avons donc rien avancé qu'on ne puisse vérifier immédiatement, si l'on veut se donner la peine de lire les simples et excellens traités de l'abbé *Boissier de Sauvages*, de l'abbé *Rozier*, pour le siècle dernier, et, pour notre siècle, de MM. *Dandolo* et *Bonafous*, qui se sont efforcés de donner à l'art du magnanier une forme régulière et systématique, sans laquelle il ne saurait y avoir de progrès. Tous étonnés de la faiblesse des produits comparés à la quantité des graines soumises à l'éclosion, du nombre et de la nature des maladies qui dépeuplent, chaque année, les ateliers et parfois anéantissent subitement des chambrées entières, ils se sont appliqués à en rechercher les causes, et ils ont, par leur propre expérience, acquis la conviction qu'il ne faut accuser que les mauvais erremens suivis par la plupart des magnaniers dans toutes les phases d'incubation, d'existence et de reproduction de l'insecte séricifère; ils ont reconnu le danger des couvées par la macération, de la négligence dans la ponte des papillons et dans l'hivernage des graines; ils ont reconnu l'insuffisance et souvent même la funeste influence des moyens mis en œuvre pour l'assainissement des magnaneries, tels que les aspersions d'eau, de vin, de chlorure de chaux, etc..., destinées, soi-disant, à réveiller les vers; la combustion des plantes aromatiques qui, loin de détruire les odeurs malfaisantes émanant des litières, contribuent à vicier l'air en absorbant, pour brûler, une partie de son oxygène, et produisent en échange des gaz méphitiques funestes à la respiration. Ils ont tous senti la nécessité de repousser des ateliers les usages barbares inventés par l'ignorance, de rapprocher autant que possible leurs insectes de l'état de nature, et de créer pour eux un climat artificiel. Pour arriver à ce but, ils ont commencé par se pénétrer des conditions essentielles à la santé et à la vigueur des vers. Ils n'ont pas tardé à s'assurer que, pour faire une bonne éducation, c'est à dire pour récolter le plus grand nombre de beaux cocons en dépensant le moins de feuilles possible, ils devaient établir dans leurs ateliers une douce et continuelle circulation d'air, la constance de température et l'invariabilité hygrométrique. Ce sont ces principes qui ont servi de base à l'établissement des dandolières, à l'aide desquelles les magnaniers soigneux et intelligens ont vu doubler leurs produits. Cependant le système de M. *Dandolo*, malgré les progrès immenses qu'il a fait faire à l'art du magnanier, est encore défectueux. Il établit ses foyers dans la magnanerie même ; et l'action immédiate de la chaleur développée et des exhalaisons répandues par les combustibles est funeste aux vers ; d'ailleurs ses moyens sont quelquefois impuissans, surtout dans les temps lourds et orageux où l'air circule difficilement. C'est alors que M. *d'Arcet*, dont le nom doit être à jamais révéré par les magnaniers, s'empare de la question, anéantit complètement l'action des influences extérieures, transporte hors de la magnanerie la source de la chaleur, et parvient, par un système ingénieux, simple et peu coûteux (1), à réaliser autant que possible la simultanéité des conditions essentielles au succès des éducations.

Mais les travaux des éducateurs dévoués dont nous avons parlé, et du petit nombre de leurs imitateurs, ont été presque impuissans ; on n'a point songé à encourager le zèle de ces imitateurs ; on a négligé de répandre sur toute la masse une instruction que des hommes isolés ne peuvent, malgré leur dévouement, étendre que dans un cercle étroit. Dès lors la routine est restée maîtresse de l'art du magnanier ; et cette routine conservera longtemps encore son empire en dépit même de l'œuvre de M. *d'Arcet* et du dévouement de quelques éducateurs, si des mains fortes et puissantes ne soutiennent l'industrie séricifère qui, par sa nature même, ne peut atteindre tout son développement et toute sa perfection qu'autant qu'elle trouvera un appui dans une vaste association, au centre de laquelle viennent se réunir tous les travaux d'hommes ardens et éclairés.

En lisant les auteurs qui ont écrit sur l'art du magnanier, on reconnaîtra

---

(1) Dans ce système, la magnanerie est au premier étage; le foyer ou calorifère est au rez-de-chaussée, dans une chambre étroite dite chambre à air. L'air sort de cette chambre pour traverser les conduits pratiqués dans toute la longueur du plancher de la magnanerie, et s'y répandre par des ouvertures circulaires de grandeur variable. Dans le plafond est établi un système de conduits et d'ouvertures parfaitement symétrique avec le système inférieur; c'est par ces ouvertures supérieures que l'air, puissamment attiré par un tarare et par un fourneau d'appel placé dans la cheminée même qui reçoit le tuyau du calorifère, sort après avoir été introduit dans la magnanerie ; et cet appel en produit un autre sur l'air de la chambre inférieure, de sorte qu'il s'établit un courant continu. Il ne s'agit donc plus que de maintenir une chambre peu spacieuse dans des circonstances convenables de température et d'humidité. On obtient aisément ce résultat en y produisant, à l'aide d'un calorifère, de la glace, des linges mouillés et des matières desséchantes, de la chaleur, du froid, de l'humidité et de la sécheresse.

combien l'industrie qui nous occupe a de progrès à faire, jusqu'à quel point elle a besoin et elle mérite d'être encouragée et soutenue, et quelle est l'impuissance même des encouragemens, s'ils ne sont que partiels, et des résultats isolés produits par un petit-nombre d'éducateurs dévoués; on reconnaîtra combien il serait utile d'avoir une espèce de statistique des résultats obtenus et des expériences faites chaque année dans les diverses parties de la France; on verra quels essais curieux sont à faire sur le degré de température adopté dans l'intérieur des ateliers, sur l'espèce de mûrier la plus favorable à la nutrition des vers et à la production de la matière soyeuse, sur le choix à faire des cocons devant servir à la reproduction, choix qui tendrait à ennoblir les races et à les empêcher de dégénérer; sur l'avantage qui pourrait résulter pour la beauté des produits, si l'on prenait seulement la première ponte des papillons; sur les meilleures espèces de vers; sur les moyens de tirer dans la filature le plus grand produit d'un poids déterminé de cocons, etc., etc..... Mais, tout en comprenant l'immense utilité de toutes ces expériences, on se convaincra que, pour avoir quelque valeur, elles doivent être souvent répétées et répétées à la fois par divers éducateurs, à cause d'une foule de circonstances dont on ne peut apprécier exactement l'influence, et enfin qu'il faut un point central où viennent se réunir tous les travaux des hommes dévoués qui se ligueront pour enrichir leur pays.

Après avoir étudié à fond l'industrie séricifère, considérée sous son point de vue général, avoir bien apprécié ses immenses ressources, et compris toute l'influence de son développement, on concevra aisément combien il serait heureux que le nord, le centre et le midi de la France eussent la possibilité de se prêter un mutuel appui pour travailler incessamment à l'extension et à la perfection de nos productions séricifères, de nos filatures et de nos fabriques. Restera donc à déterminer *la limite de possibilité*, c'est-à-dire de réussite et de profit. Or il suffit d'interroger l'expérience des honorables agriculteurs (1) qui opposent leurs efforts méthodiques et raisonnés aux efforts mal

(1) Entre autres agriculteurs, nous citerons MM. *Beauvais*, qui ont, il y a huit ans, essayé, dans le domaine royal des Bergeries, la culture du mûrier, et qui, encouragés par leurs succès, ont, depuis deux ans, planté environ 10 hectares. Ces messieurs ont successivement, par leur vigilance et leur bonne méthode, élevé le poids des cocons retirés de chaque once de graine, depuis 34 jusqu'à 68 kilog. : cette année (1836), ils ont eu recours à l'appareil ventilateur de M. *d'Arcet*; et avec 550 kil. de cocons provenant de 8 onces de graine et produits avec 8,400 kilog. de feuilles récoltées sur un terrain planté depuis sept ou huit ans, et dont la contenance est de moins de 1 hectare, ils ont produit 47^{k},50 de soie grège, y compris les douppions. On sait que les filateurs du Midi emploient de 5^{k},50 à 7^{k},50 de cocons pour faire un demi-kil. de soie.

dirigés des hommes dont les tentatives infructueuses sont invoquées comme des antécédens ayant force de loi; de passer en revue tous les chiffres de dépenses, toutes les conditions essentielles aux trois branches de l'industrie, tous les besoins du planteur, de l'éducateur et du filateur, comparés aux besoins de chaque localité, pour se convaincre que les lignes de démarcation industrielle fournies par les points cardinaux doivent être désormais effacées, et que la *non-disponibilité de la population*, pendant la courte durée de l'éducation, est la seule *limite agricole* que peut et doit reconnaître la culture du mûrier. Et qui connaît les détails de l'industrie est rassuré, par la nature même de cette limite, sur le danger d'un développement funeste aux autres cultures.

Note sur les progrès de l'industrie séricifère; par M. H. Bourdon (1).

Messieurs, au moment où vous vous disposez à prêter encore une fois votre puissant concours à l'industrie de la production de la soie, déjà distinguée par vous d'une manière toute spéciale entre toutes les industries sur lesquelles s'étendent les bienfaits de vos encouragemens, j'ai pensé que vous voudriez bien me permettre de jeter un coup d'œil rapide sur les progrès qu'elle a faits depuis l'époque où vous lui avez donné une puissante impulsion, soit en publiant dans vos *Bulletins* les mémoires susceptibles de répandre l'instruction, soit en couronnant les efforts des hommes qui se sont placés à la tête du mouvement.

Depuis ce temps, vous le savez, Messieurs, M. *Camille Beauvais* a ajouté, chaque année, à ses premiers succès des succès nouveaux qui ont fixé l'attention des éducateurs méridionaux. Sur la demande de ces éducateurs, M. le Ministre des travaux publics, de l'agriculture et du commerce a créé en 1836 une mission dont le but était de propager dans le midi les méthodes et les procédés appliqués par MM. *d'Arcet* et *Beauvais* à l'éducation des vers à soie.

Assez heureux pour être chargé de cette importante mission, j'ai donné la plus grande publicité possible aux instructions que j'étais chargé de répandre. Appuyé du concours de MM. les préfets, j'ai pu faire assembler, dans les différentes villes où je me suis arrêté, les Comices agricoles et les Sociétés d'agriculture, et je suis entré en relation avec les éducateurs les plus éclairés et les plus capables de seconder le mouvement.

---

(1) Lue dans la séance du Conseil d'administration de la Société d'encouragement, le 11 avril 1838.

A mon arrivée dans le Midi, je ne saurais vous le dissimuler, Messieurs, j'ai rencontré quelques résistances, et il a fallu m'environner de circonspection pour concilier, autant que possible, tous les intérêts et pour faire comprendre le but réel de ma mission. Toutefois le bienveillant accueil que j'ai reçu et l'attention avec laquelle ont été écoutés les développemens que j'ai communiqués m'avaient fait concevoir d'heureuses espérances ; ces espérances se sont réalisées, et l'année dernière, chargé d'une nouvelle mission, j'ai trouvé plus de quarante magnaneries salubres établies dans les départemens séricicoles.

Les essais ont été, dans presque toutes les localités, couronnés par le succès ; une seule partie de l'appareil a donné lieu à quelques observations que j'ai signalées dans mon rapport adressé au Ministre du commerce. Ces observations ont été communiquées à M. *Combes*, ingénieur en chef des mines, qui s'est empressé de joindre, à son *Mémoire sur la ventilation des mines*, une note spéciale pour les magnaneries salubres. L'approbation que vous venez de donner, Messieurs, à cette partie du mémoire qui nous concerne, nous donne la certitude que M. *Combes* a trouvé le moyen de lever toutes les objections et d'assurer, dans les circonstances même les plus difficiles, l'efficacité d'un appareil qui a déjà rendu d'immenses services.

Cette année, de nouvelles expériences se préparent : les magnaneries-modèles se sont multipliées dans les départemens séricicoles.

M. le Ministre des travaux publics, de l'agriculture et du commerce vient de donner des nouvelles preuves de sa sollicitude pour cette industrie.

Une troisième mission m'est confiée ; elle comprendra douze départemens, dont quatre que je n'ai point encore visités et dans lesquels l'industrie de la soie a pris, depuis plusieurs années, une grande extension.

Les départemens que je dois parcourir sont ceux de la Côte-d'Or, de l'Ain, du Rhône, de la Drôme, de l'Isère, des Basses-Alpes, des Bouches-du-Rhône, de Vaucluse, du Gard, de l'Hérault, de la Haute-Garonne et du Loiret.

Je compte emporter avec moi un modèle en relief du tarare de M. *Combes* ; M. le Ministre du commerce vient de m'autoriser à le faire construire.

M. *Peltzer*, élève de M. *C. Beauvais*, est envoyé dans le département du Gard, sur la demande du Comice agricole d'Alais ; il est principalement chargé de diriger l'éducation-modèle de M. *Gilly*, vice-président du Comice.

Dans le département de Vaucluse, Mademoiselle *Peltzer*, qui a étudié chez moi, à Ris, les détails de l'éducation, d'après les principes adoptés aux Bergeries de Senart, est chargée de la direction de la magnanerie-modèle établie chez M. le marquis *de Balincourt*. Mademoiselle *Peltzer* avait, l'année dernière, secondé bénévolement son frère dans l'éducation qui lui avait été confiée par M. le Ministre du commerce.

M. *Bain*, élève de M. *Beauvais*, est envoyé en Touraine, où il doit se mettre en relation avec les principaux éducateurs, et diriger spécialement l'éducation dans la magnanerie-modèle établie au château de Chenonceaux, chez madame la comtesse *de Villeneuve*.

Des encouragemens pécuniaires ont été accordés aux Sociétés d'agriculture de plusieurs départemens qui vont se livrer à des expériences.

La Société d'agriculture de Lyon a nommé une Commission permanente pour s'occuper de l'industrie de la soie; cette Commission dirigera, cette année, un établissement-modèle où doivent se faire des éducations comparées.

La Société d'agriculture de Valence (Drôme) continue, sur une plus grande échelle, les expériences commencées l'année dernière sous les plus heureux auspices.

Enfin trente et un modèles en relief de la magnanerie salubre ont été envoyés dans les départemens (1).

D'un autre côté, M. *C. Beauvais*, qui, comme vous le savez, Messieurs, ne saurait demeurer un seul instant en arrière du progrès, s'est empressé de mettre son atelier-modèle à la disposition de M. *Combes*, en lui offrant de faire toutes les épreuves qui lui paraîtront utiles. A Neuilly, le ventilateur de M. *Combes* va être appliqué à la magnanerie salubre que l'on construit actuellement dans le domaine royal, sous la direction de M. *Aubert*.

M. *d'Arcet* va l'établir dans des ateliers de sécherie auxquels il a appliqué le procédé de la magnanerie salubre.

Vous le voyez, Messieurs, depuis trois ans, les perfectionnemens introduits dans l'éducation des vers à soie par MM. *d'Arcet* et *Beauvais*, ont pris une grande extension : le mouvement que vous avez imprimé s'est communiqué de proche en proche. Chaque jour, les améliorations se propagent; nul doute que tous ces efforts réunis n'amènent bientôt des progrès immenses pour une des branches les plus importantes de notre agriculture.

---

(1) Outre les trente-un modèles exécutés par ordre de M. le Ministre du commerce, trois ont été construits pour M. le Ministre de la marine, et vingt-un pour des propriétaires de magnaneries. Le constructeur des modèles est M. Clair, rue du Cherche-Midi, n° 93.

FIN.

TABLE DES MÉMOIRES

CONTENUS DANS CET OUVRAGE.

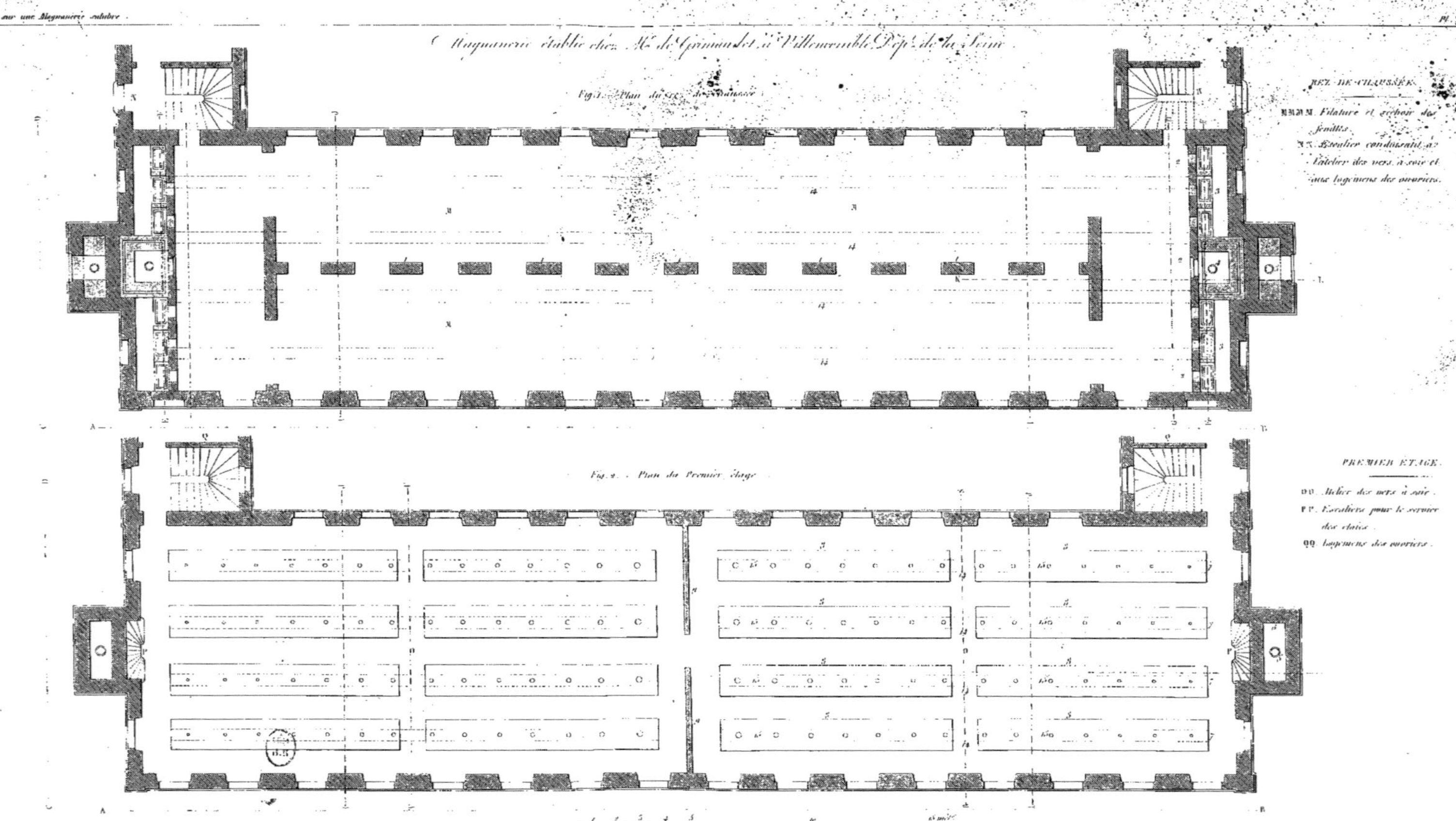
Magnanerie établie chez Mr de Grimaudet, à Villecresnes Dépt de la Seine
Fig. 1. Plan du rez de chaussée
REZ-DE-CHAUSSÉE.
MMMM. Filature et séchoir des feuilles.
NN. Escalier conduisant à l'atelier des vers à soie et aux logemens des ouvriers.
Fig. 2. Plan du Premier étage
PREMIER ÉTAGE.
OO. Atelier des vers à soie.
PP. Escaliers pour le service des claies.
QQ. Logemens des ouvriers.
Bourdelloux del.
Leblanc sculpt.

Détails de la Magnanerie établie chez M.r de Grimaudet, à Villemomble.

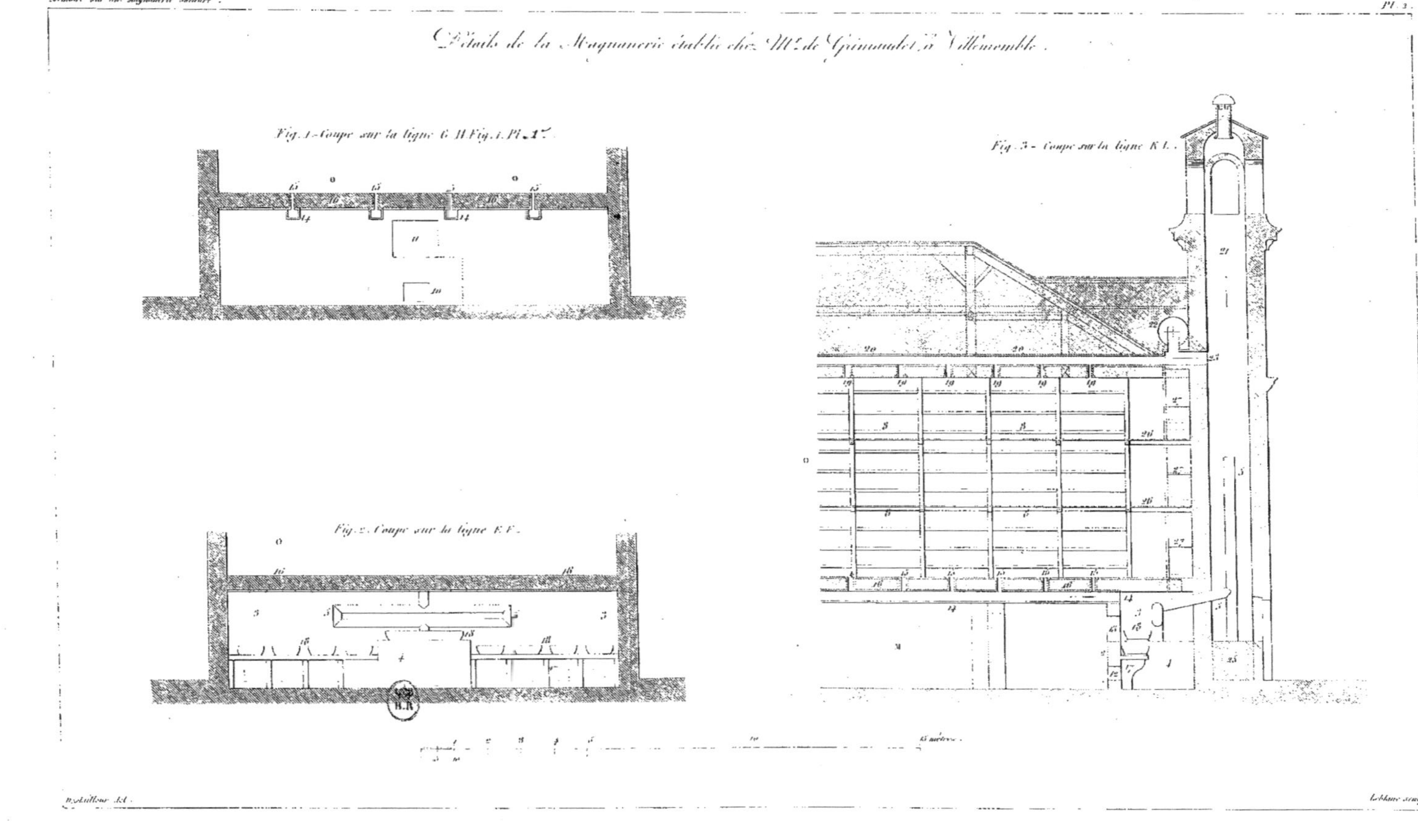

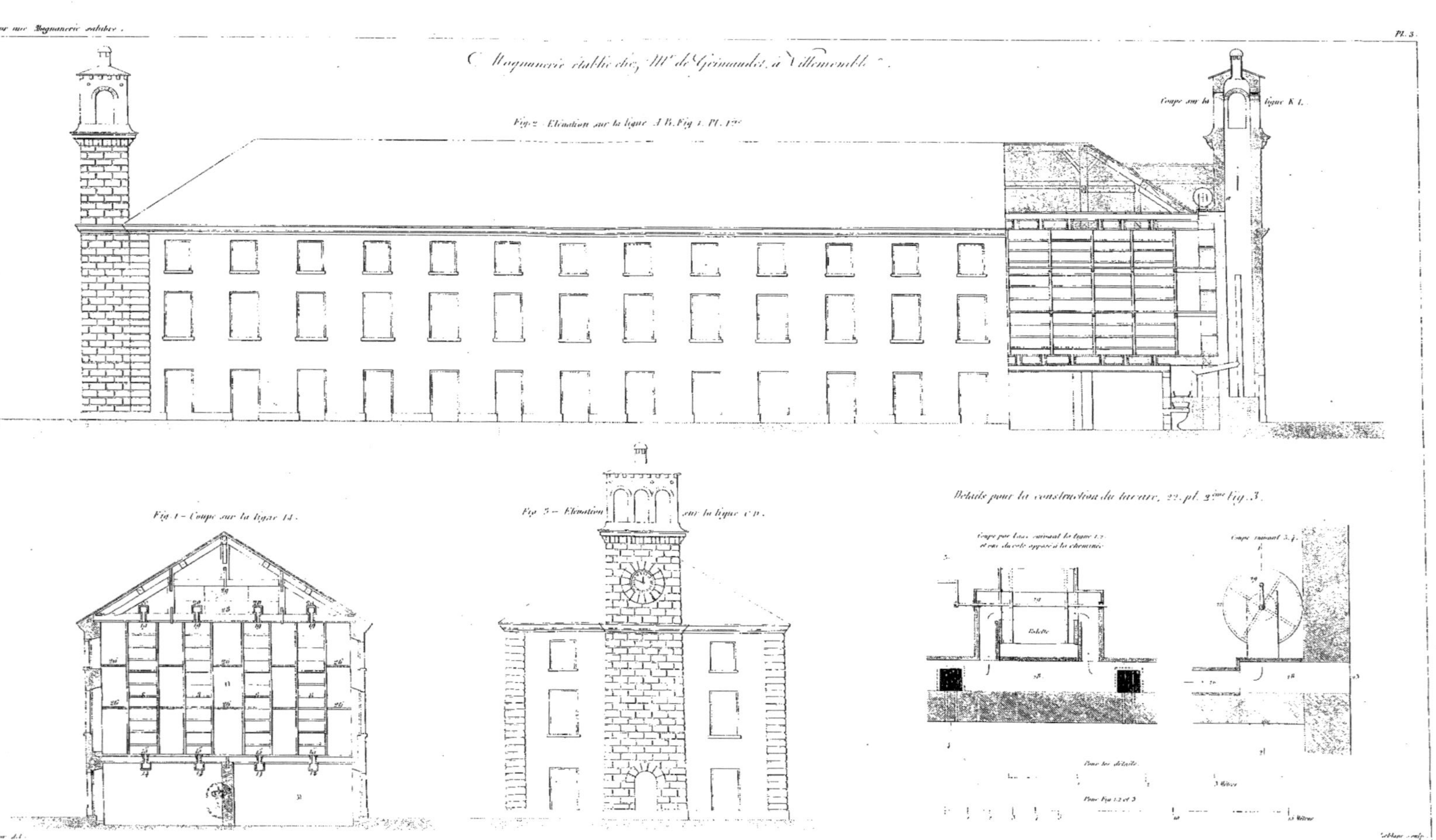
Magnanerie établie chez Mr de Grimaudet, à Villemomble.
Fig. 2 – Élévation sur la ligne A B, Fig. 1, Pl. 1re
Coupe sur la ligne K L.
Fig. 1 – Coupe sur la ligne I J.
Fig. 3 – Élévation sur la ligne C D.
Détails pour la construction du tarare, 22, pl. 2ème Fig. 3.
Coupe suivant 3, 4.
Tablette
Pour les détails
3 Mètres
Pour Fig. 1, 2 et 3
15 Mètres
Duvaltier del.
Leblanc sculp.

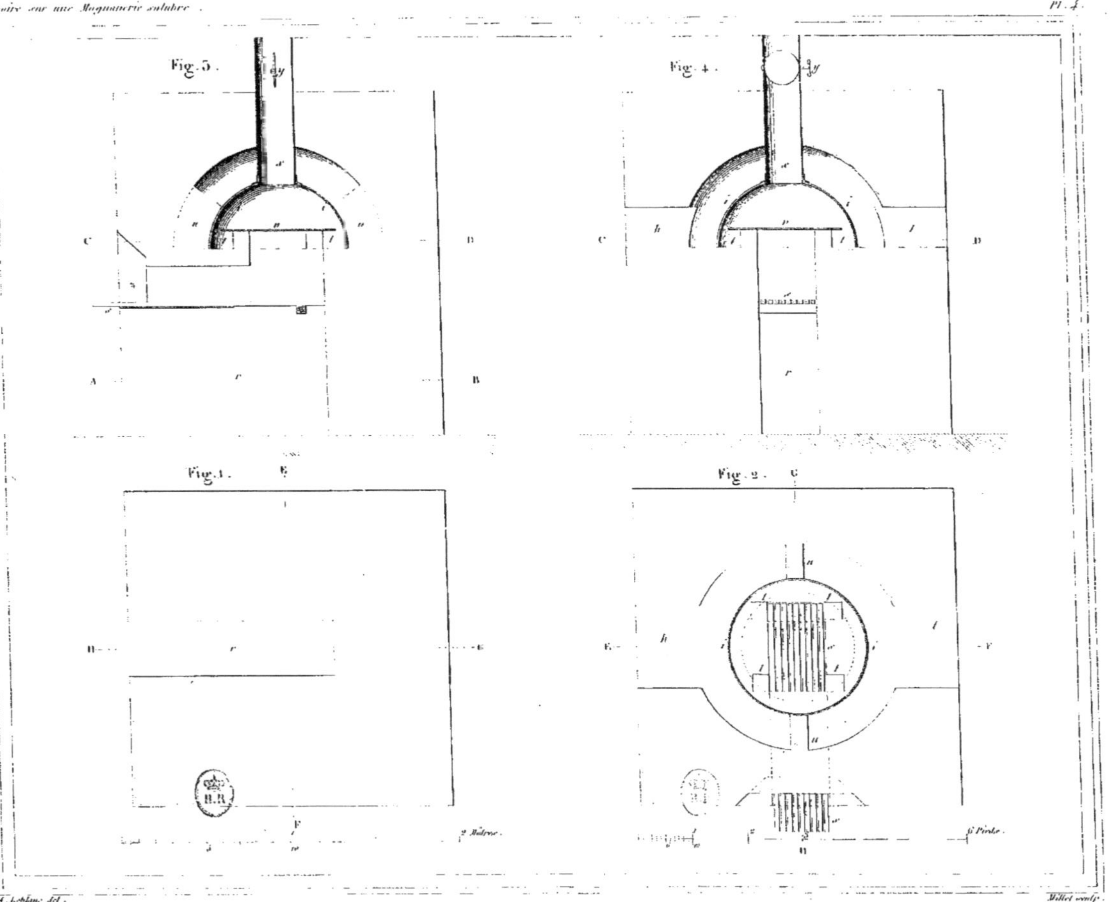

A. Leblanc del. Millet sculp.

APPAREIL POUR SÉCHER LES FEUILLES DE MURIER MOUILLÉES OU HUMIDES, PAR M.r D'ARCET.

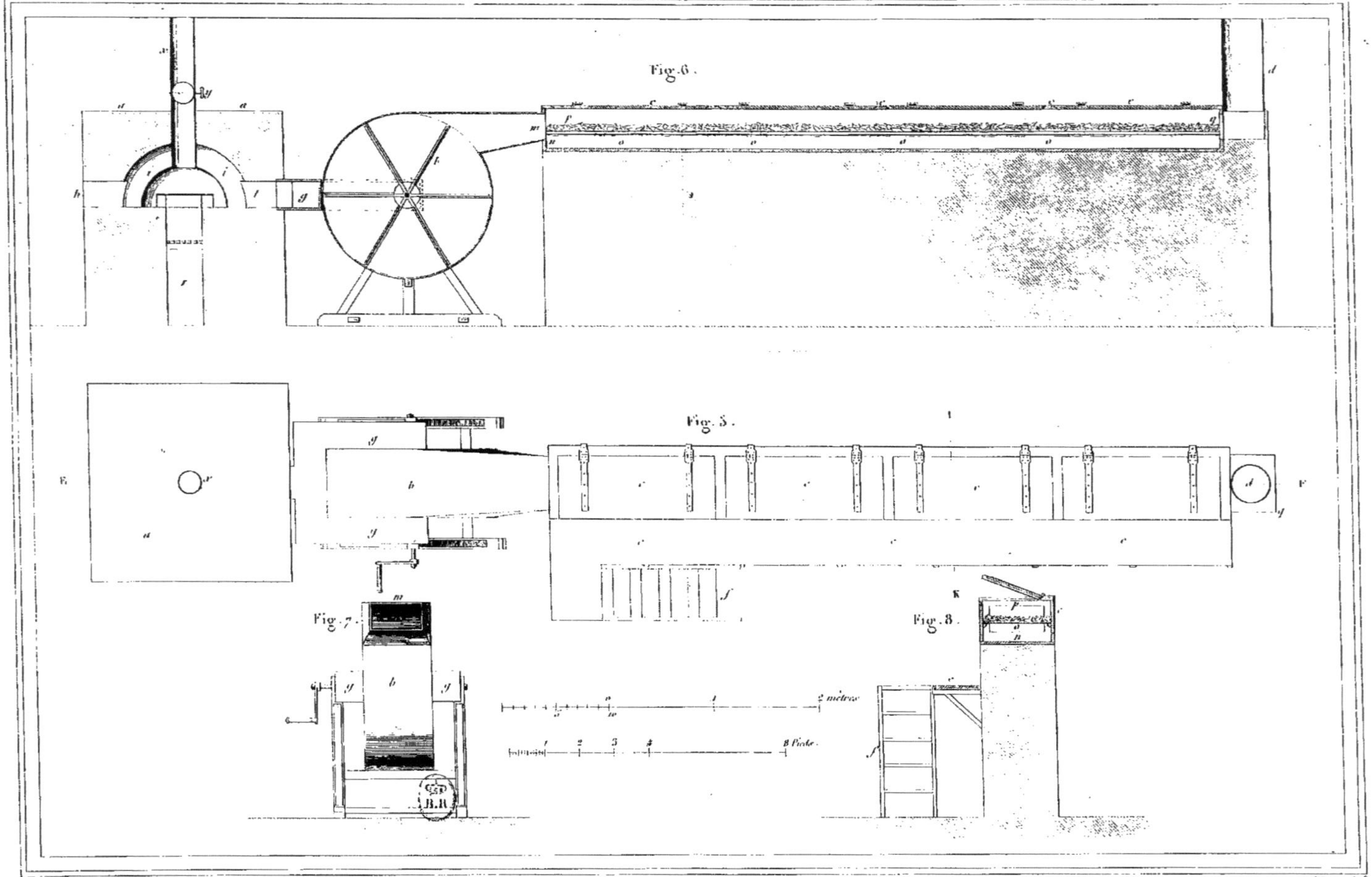

Fig. 6.

Fig. 5.

Fig. 7.

Fig. 8.

0 1 2 mètres

1 2 3 4 8 Pieds

A. Leblanc del. Millet sculp.

APPAREIL POUR SÉCHER LES FEUILLES DE MÛRIER MOUILLÉES OU HUMIDES · PAR Mr. D'ARCET.

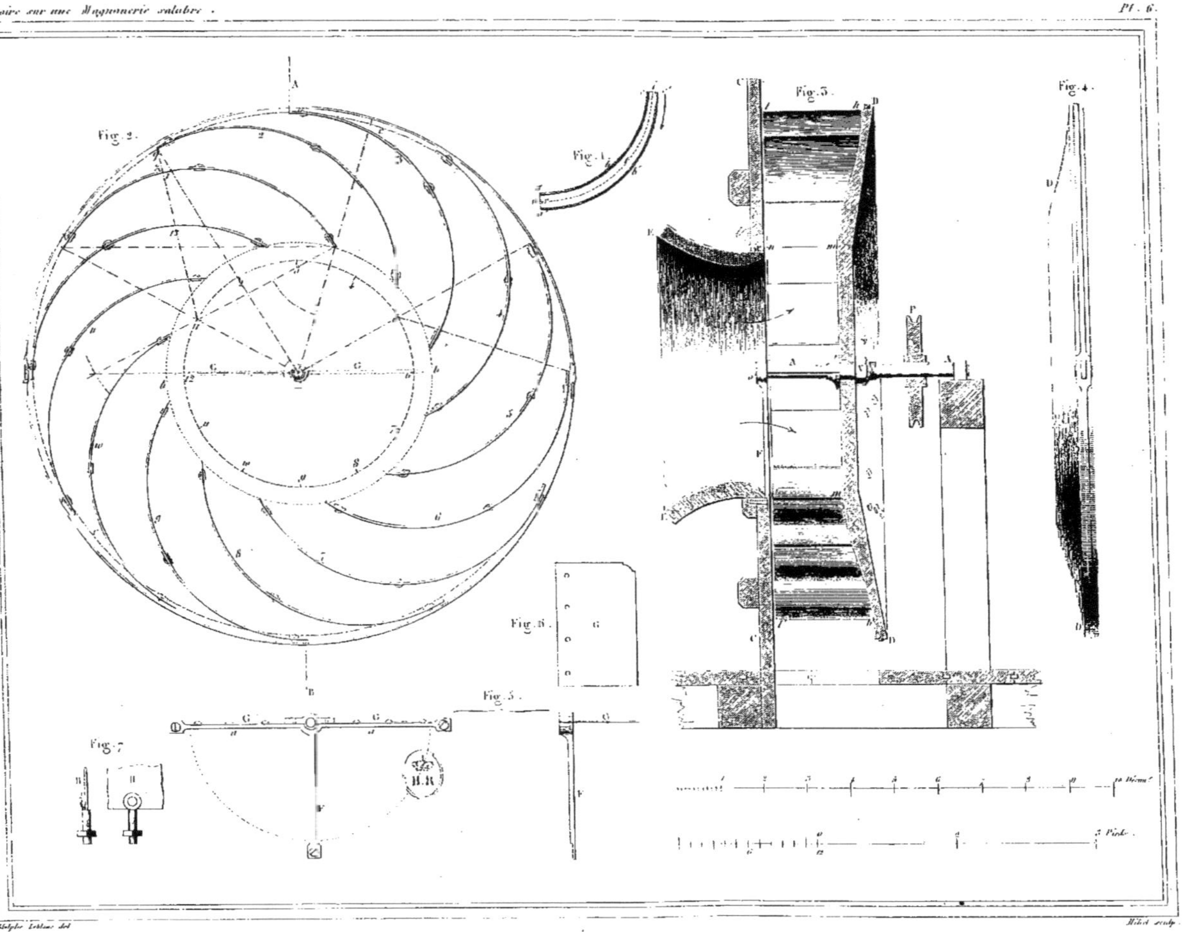

NOUVEAU VENTILATEUR À AILES COURBES, PAR Mr COMBES.

www.ingramcontent.com/pod-product-compliance
Ingram Content Group UK Ltd.
Pitfield, Milton Keynes, MK11 3LW, UK
UKHW022120190726
13855UKWH00003B/984

9 782013 246620